国家现代农业绒毛用羊产业技术体系（CARS-39）
CHINA AGRICULTURE RESEARCH SYSTEM OF MOF AND MARA

羊养殖粪污处理与利用技术手册

袁　京　李国学◎主编

Technical Manual for Sheep and Goat Manure Treatment and Utilization

中国農業大學出版社
China Agricultural University Press
·北京·

图书在版编目(CIP)数据

羊养殖粪污处理与利用技术手册 / 袁京，李国学主编 . -- 北京 : 中国农业大学出版社，2024. 12. -- ISBN 978-7-5655-3373-0

Ⅰ. X713. 05-62

中国国家版本馆 CIP 数据核字第 20246DM097 号

书　　名　羊养殖粪污处理与利用技术手册

YANG YANGZHI FENWU CHULI YU LIYONG JISHU SHOUCE

作　　者　袁　京　李国学　主编

策划编辑　杜　琴　　**责任编辑**　杜　琴

封面设计　李尘工作室

出版发行　中国农业大学出版社

社　　址　北京市海淀区圆明园西路 2 号　　**邮政编码**　100193

电　　话　发行部 010-62733489, 1190　　读者服务部 010-62732336

编辑部 010-62732617, 2618　　出　版　部 010-62733440

网　　址　http: // www.caupress.cn　　**E-mail** cbsszs@cau.edu.cn

经　　销　新华书店

印　　刷　天津鑫丰华印务有限公司

版　　次　2024 年 12 月第 1 版　　2024 年 12 月第 1 次印刷

规　　格　148 mm × 210 mm　　32 开本　　3.75 印张　　105 千字

定　　价　28.00 元

编审委员会

主　编:袁　京　李国学

副主编:罗文海　王国英　马若男

编写人员(按姓氏拼音排序):

崔忠良　高　霞　宫小燕　孔艺霖　李丹阳　李国学

刘　燕　罗文海　马若男　唐若兰　王国英　王佳妮

杨　燕　袁　京

主　审:李　季　彭生平

前 言

随着我国羊养殖业的快速发展，羊养殖粪污（简称羊粪污）产生量巨大，已成为我国重要的农业污染源之一，同时也成为制约我国羊养殖业可持续发展的重要因素。羊粪污资源化利用对实现农业种养循环和绿色发展具有重要意义。目前，对于羊粪污资源化处理缺乏科学实用的技术指导。为解决羊粪污处理过程造成的污染，实现羊粪污资源化处理和安全利用，依托国家现代农业绒毛用羊产业技术体系，在农业农村部持续资助下，粪污处理与利用岗位科学家李国学教授和袁京副教授共同编写了《羊养殖粪污处理与利用技术手册》。

本手册共包括 6 章及附录，第 1 章和第 2 章介绍了我国羊养殖情况和羊粪污产生与利用潜力；第 3 章介绍了羊粪污资源化处理技术；第 4 章介绍了废弃羊皮羊毛资源化处理技术；第 5 章介绍了病死羊无害化处理技术；第 6 章介绍了种养循环模式与典型案例；附录部分列出了手册编写过程中使用的相关政策、标准和法规名录。

本手册简洁、系统、图文并茂地介绍了我国羊养殖生产过程中粪污、病死羊和废弃羊皮羊毛的资源化处理技术和模式，对于推动绒毛用羊产业可持续发展具有重要指导意义。

编　者

2024 年 6 月

目　录

第 1 章
羊养殖情况

1.1 全国羊养殖与分布情况

2023 年，我国（港澳台地区除外）羊养殖存栏量为 3.3 亿只，其中山羊 1.3 亿只，主要分布在内蒙古、新疆、甘肃、青海、宁夏、陕西等西北地区，全国羊养殖呈现西北多、东南少分布格局（图 1-1），主要采用放牧、半舍饲及舍饲养殖方式（图 1-2）。

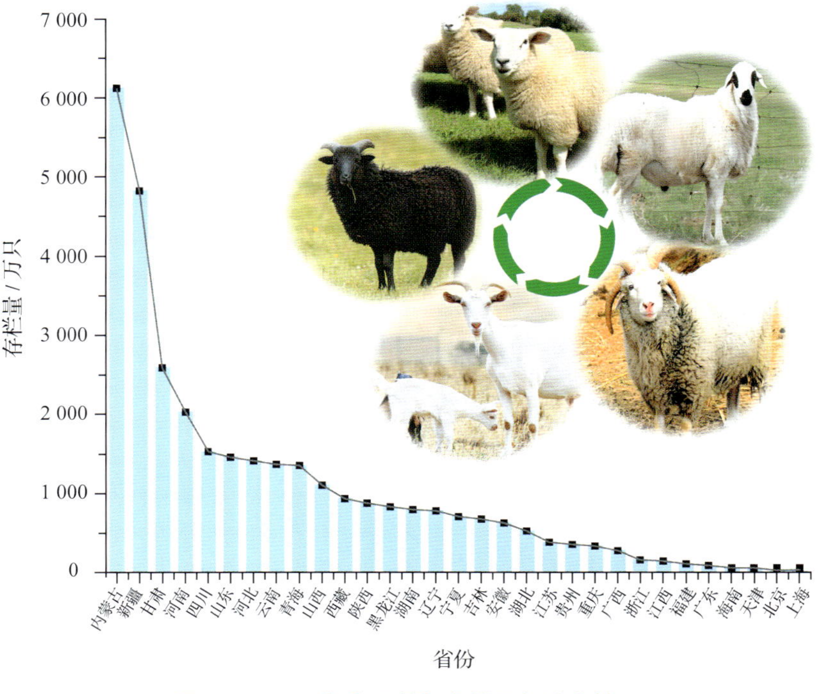

图 1-1 2023 年全国羊年存栏量与分布情况

注：港澳台地区除外

图 1-2 不同养殖方式

1.2 羊养殖方式与粪污收集

1.2.1 养殖方式

1. 硬化地面养殖

硬化地面养殖是在地面上铺设一层混凝土的养殖方式(图 1-3)。具有粪污易清理等优势,但硬化地面渗透性差,羊舍环境差,羊只福利差,适用于中小规模羊养殖场。

图 1-3 硬化地面养殖
(董永飞拍摄)

图 1-4 无机垫料养殖

2. 无机垫料养殖

无机垫料养殖是将三合土或纯土夯实后铺设于地面(厚 10～15 厘米)的养殖方式(图 1-4),具有工艺简单、原料易得、渗水性好等优势,但粪污不易清理,易造成土壤污染,适用于中小规模羊养殖场。

3. 漏缝地板养殖

漏缝地板养殖是将塑料、木竹、水泥等复合材料制成的漏缝地板铺设在地面以上 0.5～2.0 米处的养殖方式（图 1-5），可实现羊床与粪污分离，具有改善羊舍环境、控制寄生虫和疫病传播等优势，但故障维修困难，羊肢蹄患病率增加，适用于不同规模羊养殖场。

图 1-5　漏缝地板养殖

图 1-6　有机垫料养殖

4. 有机垫料养殖

有机垫料养殖是指在地面铺设 15～20 厘米有机垫料（秸秆、锯末、稻壳等）的养殖方式（图 1-6），具有提高羊只舒适度、原位处理羊粪污、改善空气质量、提升羊舍保温性能、降低羊只患病率等优势，适用于不同规模羊养殖场。

1.2.2　粪污收集

羊养殖场主要采用干清粪和水冲粪两种粪污收集方式。由于羊粪含水率较低（40%～60%），普遍采用干清粪方式，而水冲粪方式使用较少。

图 1-7　干清粪收集方式

1. 干清粪

干清粪由机械或人工收集、清扫、清运，清粪工具(设施)包括铁锹、手推车、刮粪板、铲车等(图 1-7)。

规模以下养殖场(户)常采用人工清理＋机械清运方式，规模以上养殖场多采用刮粪板等机械清粪方式。

2. 水冲粪

水冲粪是指羊粪污随水冲洗(水冲清理)，通过刮粪板等收集，然后被运输至粪污处理设施(图 1-8)。

图 1-8　水冲粪收集方式

1.3　圈舍养殖环境控制

1. 定期清粪

依据羊粪产量及清粪方式合理确定清粪周期，垫料养殖待育肥羊出栏后集中清理 1 次，其他养殖方式须及时清理(图 1-9)。

2. 通风换气

密闭式羊舍可安装换气扇或定期开窗，保持舍内空气清新，为羊群提供舒适的空气环境。

图 1-9　垫料粪污的产生及清理

3. 铺设垫料

选择切短揉丝的农作物秸秆或锯末作为羊舍垫料(图 1-10),可吸附舍内粪污和臭味气体,促进羊粪原位发酵,减少病原菌传播。

图 1-10　羊舍垫料

4. 调温调湿

采用温室大棚羊养殖方式,需要夏秋季防暑降温,冬春季防寒保暖。通过遮盖棚布,控制日照时间和通风换气量,借助喷雾设施,保持羊舍温度为 5～21 ℃,湿度为 40%～60%(图 1-11)。

图 1-11　羊养殖温室大棚调温调湿设施

5. 定期消毒

每 3～7 天对羊舍进行 1 次消毒,消毒范围为羊圈舍、过道、羊床底等羊舍内部主要养殖区域，以及羊舍外部区域（图 1-12）。另外，工作人员在进入羊舍前须进行消毒，避免携带病原菌。

图 1-12 羊圈舍内外消毒

消毒剂一般为含氯消毒剂、2% 氢氧化钠和 0.5% 过氧乙酸，消毒剂需 2 种或 3 种交替使用。

第 2 章 羊粪污产生与利用潜力

2.1 羊粪特征

羊粪与其他畜禽粪便的形状及性质差异较大，新鲜羊粪一般呈球形，颗粒状，具有良好的表面致密形态和较大的孔隙率，外层为黑褐色且具有黏稠性，内层为绿色的细小碎末，臭味较小（图 2-1）。

①含有丰富的营养元素，有机质含量高，重金属铜和锌含量低于其他畜禽粪便，是一种宝贵的资源。

②含水率低，肥分浓厚，作为速效肥料可施用于各种土壤，起到提高地温、改善土壤结构、提高土壤肥力等作用。

③含有一定量的激素、酶、维生素、生长素等，可提高植物的抗逆、抗病和抗虫能力，促进植物生长。

图 2-1　羊粪

2.2 羊粪污产污系数

产污系数是指单个畜禽在一定时间内产生原始污染物的量。羊粪污产生量与品种、体重、生理状态、饲料组成、饲喂方式以及生活环境等均相关。认识和利用产污系数有利于估算羊粪污产生量，羊粪污产污系数如表 2-1 所示。

表 2-1　羊粪污产污系数

指标	产污系数
粪便干重 /（千克 / 天）	0.3～0.4
粪便湿重 /（千克 / 天）	绵羊约 0.87，山羊约 0.69
尿液量 /（千克 / 天）	绵羊约 0.80，山羊约 0.77
有机质 /（克 / 天）	205.2～346.6
化学需氧量（COD）/（克 / 天）	217.7～455.6
总氮（TN）/（克 / 天）	7.1～9.0
总磷（TP）/（克 / 天）	1.5～2.0
铵态氮（NH_4^+-N）/（克 / 天）	1.1～3.1
硝态氮（NO_3^--N）/（克 / 天）	35.6～41.3
总钾（TK）/（克 / 天）	3.8～9.4
钙（Ca）/（克 / 天）	2.8～8.6
钠（Na）/（克 / 天）	0.4～3.0
镁（Mg）/（克 / 天）	0.9～5.4
铁（Fe）/（克 / 天）	0.5～ 1.6
铜（Cu）/（毫克 / 天）	0.4～3.1
锌（Zn）/（毫克 / 天）	13.9～41.8

注：绵羊平均体重 41.0 千克，
山羊平均体重 38.8 千克。

2.3 羊粪污产生量与资源化利用潜力

2.3.1 羊粪污产生量

在我国“增牛稳羊扩猪”政策推动下，羊养殖业呈现稳步发展态势。2021 年全国(港澳台地区除外)羊粪污总产生量约为 1.15 亿吨(其中羊粪便以干重计)。由于养殖数量和饲养结构的不同，各区域羊粪污产生量存在差异(图 2-2)。

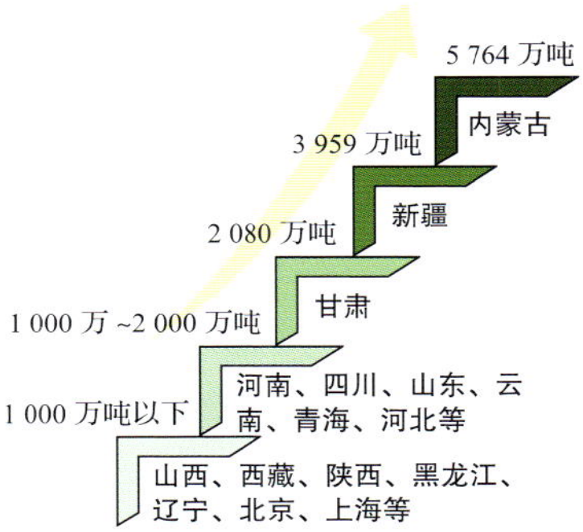

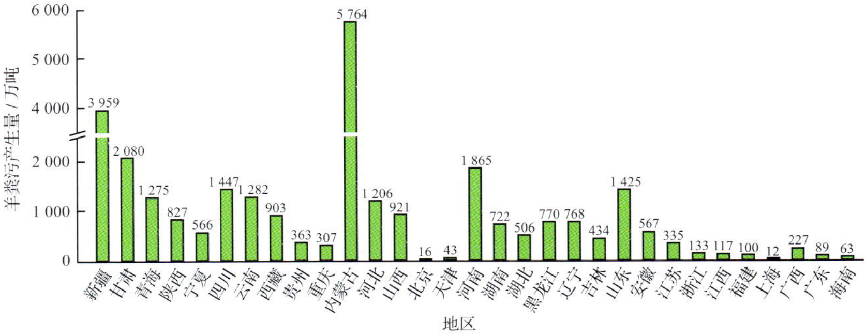

图 2-2　2021 年全国各省份羊粪污产生量

注：港澳台地区除外。

2.3.2 羊粪污资源化利用潜力

1. 羊粪污肥料化利用潜力

畜禽粪便是富含氮、磷、钾及微量营养元素的有机固体废物，可以转化为高质量有机肥，替代化学氮、磷肥施用，在降低农业生产成本的同时，解决畜禽废(弃)物的污染问题，减少化学肥料对农田土壤的危害。

2021 年全国(港澳台地区除外)羊粪污养分总产生量为 184.25 万吨，可有效替代氮、磷、钾肥 555.58 万吨，约占 2021 年化肥使用量的 10.3%(图 2-3)。

羊粪污养分总产生量		可有效替代量		占 2021 年农村肥料使用量
TN（91.08 万吨）	→	氮肥（以尿素计）255.31 万吨	→	占氮肥 13.25%
TP（19.28 万吨）	→	磷肥（以 P_2O_5 计）108.45 万吨	→	占磷肥 15.91%
TK（73.89 万吨）	→	钾肥（以 K_2O 计）191.82 万吨	→	占钾肥 34.19%

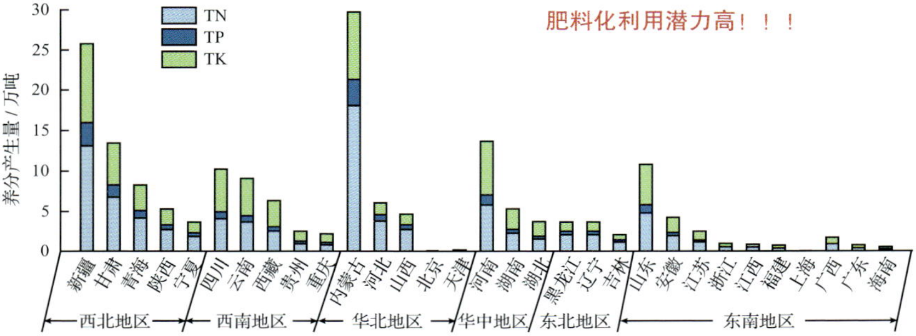

图 2-3　2021 年全国各省份羊粪污养分产生量

注：港澳台地区除外。

2. 羊粪污沼气能源化利用潜力

全国（港澳台地区除外）羊粪污产沼气量 166 亿米^3（图 2-4）。 →

- ➤ 折合甲烷 83 亿米^3；
- ➤ 折合标准煤 1 185 万吨；
- ➤ 折合电量 332 亿千瓦 · 时。

→ 相当于现有沼气工程产沼气量的 82%。

可带来 140 亿～200 亿元的经济效益

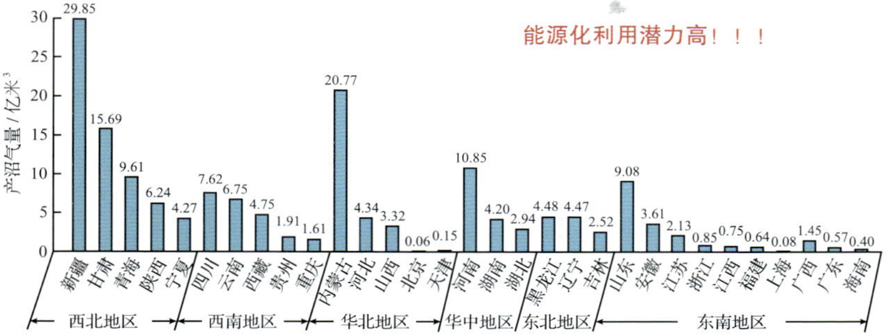

图 2-4　2021 年全国各省份羊粪污产沼气量

注：港澳台地区除外。

2.4 法规与政策要求

近年来,我国畜牧业规模化养殖水平逐年提高,粪污资源化利用是畜禽养殖业污染防治最为经济有效的途径。目前,羊粪污资源化利用率不足 50%,羊粪污没有得到有效处理和利用,成为农村环境治理的一大难题。因此,亟须了解畜禽粪污利用相关法规、政策与标准要求,科学有序推进畜禽粪污资源化利用工作。

2.4.1 相关法规

《中华人民共和国环境保护法》自 2015 年 1 月 1 日起施行。从事畜禽养殖的单位和个人应当采取措施,对畜禽粪便、尸体和污水等废弃物进行科学处置,防止污染环境。

《中华人民共和国固体废物污染环境防治法》自 2020 年 9 月 1 日起施行。从事畜禽规模养殖未及时收集、贮存、利用或者处置养殖过程中产生的畜禽粪污等固体废物的,由生态环境主管部门责令改正,可以处 10 万元以下的罚款;情节严重的,报经有批准权的人民政府批准,责令停业或者关闭。

《中华人民共和国畜牧法》自 2023 年 3 月 1 日起施行。畜禽养殖场应当建立养殖档案,载明畜禽发病、死亡和无害化处理情况;畜禽粪污收集、贮存、无害化处理和资源化利用的情况。从事畜禽养殖,不得随意弃置和处理病死畜禽。畜禽养殖场应当保证畜禽粪污无害化处理和资源化利用设施的正常运转,保证畜禽粪污综合利用或者达标排放,防止污染环境。违法排放或者因管理不当污染环境的,应当排除危害,依法赔偿损失。

《畜禽规模养殖污染防治条例》自2014年1月1日起施行。排放畜禽养殖废弃物不符合国家或者地方规定的污染物排放标准或者总量控制指标，或者未经无害化处理直接向环境排放畜禽养殖废弃物的，由县级以上地方人民政府环境保护主管部门责令限期治理，可以处5万元以下的罚款。县级以上地方人民政府环境保护主管部门作出限期治理决定后，应当会同同级人民政府农牧等有关部门对整改措施的落实情况及时进行核查，并向社会公布核查结果。

2.4.2 政策文件

- 国务院办公厅印发《关于加快推进畜禽养殖废弃物资源化利用的意见》(国办发〔2017〕48号)。
- 2018年1月5日农业部办公厅印发《畜禽规模养殖场粪污资源化利用设施建设规范(试行)》。
- 农业农村部与生态环境部联合出台《关于促进畜禽粪污还田利用依法加强养殖污染治理的指导意见》(农办牧〔2019〕84号)和《关于进一步明确畜禽粪污还田利用要求强化养殖污染监管的通知》(农办牧〔2020〕23号)。
- 农业农村部等三部委联合印发《关于推进畜禽粪污资源化利用标准体系建设的指导意见》(国标委联〔2023〕36号)。

第 3 章 羊粪污资源化处理技术

3.1 原位有机垫料养殖技术

3.1.1 定义

原位有机垫料养殖技术是指通过在圈舍地面铺设有机垫料吸附粪尿、减少臭气，利用粪尿中微生物发酵实现原位处理粪污的舍饲养殖技术（图 3-1）。

图 3-1　原位有机垫料养殖

3.1.2 有机垫料选择

垫料选择应综合考虑安全、成本和发酵效果，以及羊只对垫料的偏好，通常选择干燥、无霉变、吸收性强、供碳能力均衡、经济实用的惰性材料。

目前，常见的垫料有沙子、橡胶、腐熟堆肥及其他有机物，包括稻壳、秸秆、干草、锯末、木屑等。由于区域生物质资源和养殖情况的差异，常用有机垫料种类如图 3-2 所示。

3.1.3 垫料贮存

垫料须贮存在阴凉、干燥、通风、防潮处，并做到防潮、防霉、防雨、防渗，不宜长时间存放。

作物秸秆

柔软干燥，透气性好，保温效果佳，适宜含水率为5%～15%，容重约为95千克/米³。

锯末

吸附性强，不易发霉，使用周期长，适宜含水率为30%～45%，容重约为180千克/米³。

稻壳

耐水渗透、隔热，水分保持能力有限，与其他有机垫料混合铺设，适宜含水率为5%～15%，容重为70～110千克/米³。

腐熟堆肥

具有物理吸附与生物接种降解双重优势，来源不受限，适宜含水率为30%～45%，容重为300～500千克/米³。

图 3-2　常用有机垫料

3.1.4　垫料铺设

➢ 在垫料铺设前，应对圈舍地面残存的粪便进行清理。

➢ 垫料铺设时，应均匀铺设，以专用垫料抛洒车为佳（图3-3、图3-4）。铺设厚度为15～20厘米，低于12厘米时补充添加，确保在高温季节铺设厚度为15厘米，在低温季节铺设厚度为20厘米。

图 3-3　垫料铺设

图 3-4　垫料抛洒车

➢ 垫料铺设后，定期检查垫料的温度和湿度，保持松软度。

3.1.5　垫料维护与更换

≫ 每周对垫料至少进行1次消毒，在垫料铺设的同时或铺设后用生石灰或含氯粉剂进行喷洒消毒。

≫ 垫料使用3～6个月及以上，须对垫料彻底清理后重新铺设。

3.1.6　废弃垫料处理

利用人工或铲车、清粪车等机械设备将废弃垫料收集、运输至贮存场地。废弃垫料可进行肥料化和燃料化利用。

3.2　好氧堆肥技术

3.2.1　定义

堆肥化是在人工控制下，在一定的水分、碳氮比和通风条件下，通过微生物的发酵作用和一系列的物理、化学反应，将不稳定有机物分解转化为安全、稳定的腐殖质的过程。

典型的堆肥过程可以分为4个阶段：第一阶段，堆体中可溶性及极易被降解的有机物降解并释放出热量，堆肥温度快速上升；第二阶段，一些高分子脂肪、蛋白质及复杂碳水化合物降解，堆体温度快速达到55～65 ℃；第三阶段，由于有机质的分解及微生物活性的降低，温度开始下降，木质素、纤维素等结构复杂、难降解的聚合体分解；第四阶段，腐殖质大量形成（图3-5）。

堆肥高温期能够有效消减畜禽粪便等堆肥原料中的病原菌，达到《有机肥料》（NY/T 525—2021）要求。常见病菌与寄生虫的死亡温度见表3-1。

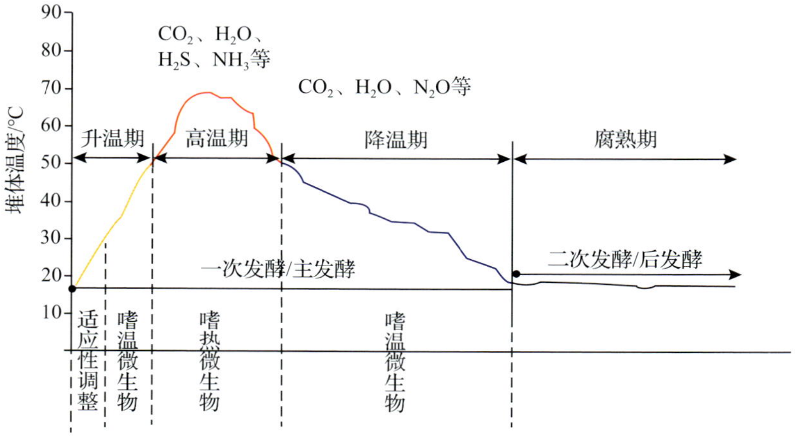

图 3-5　堆肥 4 个典型阶段

表 3-1　常见病菌与寄生虫的死亡温度

名称	死亡温度	名称	死亡温度
伤寒沙门菌	46 ℃以上不生长；55～60 ℃，30 分钟内死亡	血吸虫卵	53 ℃，1 天死亡
沙门菌	56 ℃，1 小时内死亡；60 ℃，15～20 分钟死亡	蝇蛆	51～56 ℃，1 天死亡
志贺氏杆菌	55 ℃，1 小时内死亡	霍乱弧菌	65 ℃，30 天死亡
大肠杆菌	绝大部分，55 ℃，1 小时死亡；60 ℃，15～20 分钟死亡	炭疽杆菌	50～55 ℃，60 天死亡
阿米巴虫	71 ℃，50 分钟内死亡	尖孢镰刀菌	60 ℃，10 分钟死亡
美洲钩虫	45 ℃，50 分钟内死亡	猪丹毒杆菌	50 ℃，15 天死亡
流产布氏杆菌	61 ℃，3 分钟内死亡	猪瘟病毒	50～60 ℃，30 天死亡
酿脓链球菌	54 ℃，10 分钟内死亡	口蹄疫病毒	60 ℃，30 天死亡

续表 3-1

名称	死亡温度	名称	死亡温度
化脓性球菌	50 ℃,10 分钟内死亡	小麦黑穗病菌	54 ℃,10 天死亡
结核分枝杆菌	66 ℃,15～20 分钟内死亡,有时有 67 ℃死亡	稻热病菌	51～52 ℃,10 天死亡
牛结核杆菌	55 ℃,45 分钟内死亡	麦蛾卵	60 ℃,5 天死亡
蛔虫卵	50～56 ℃,5～10 天死亡	二化螟卵	55 ℃,3 天死亡
钩虫卵	50 ℃,3 天死亡	小豆象虫	60 ℃,4 天死亡
鞭虫卵	45 ℃,60 天死亡	蛲虫卵	50 ℃,1 天死亡

3.2.2　工艺流程

好氧堆肥工艺流程如图 3-6 所示,主要包括原料预处理、一次发酵和二次发酵,堆肥过程中采用翻堆和曝气保持好氧条件。

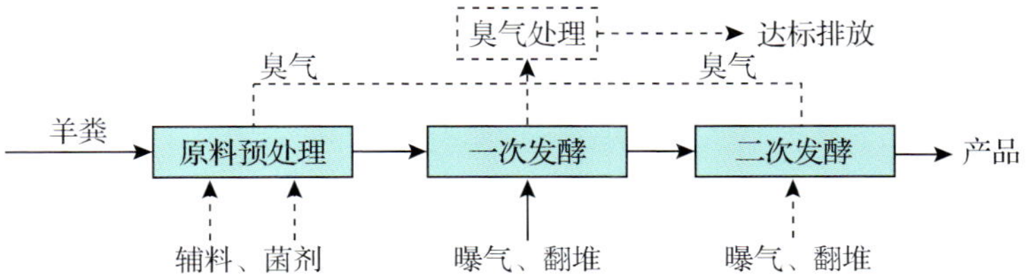

图 3-6　好氧堆肥工艺流程

注:实线为必需步骤,虚线为可选步骤

1. 原料预处理

主料一般为羊粪尿及养殖垫料等,辅料一般为农林废弃物。将主料和辅料混合均匀,混合物料的理化参数如表 3-2 所示。混合后物料的含水率宜为 45%～65%,碳氮比为(20～40):1,粒径不大于 5 厘米,pH 为 5.5～9.0。堆肥过程可添加获得管理部门产品登记的有机物料腐熟剂，接种量宜为物料湿重的 0.1%～0.2%。

表 3-2　堆肥原料预处理参数

参数	控制范围	操作要求
水分	45%～65%	物料水分高低搭配、干湿混合，可以用秸秆等干物料调节或补充水分
C/N	（20～40）：1	高氮素的物料应选择高碳素物料调节，如秸秆等
粒径	0.1～5.0 厘米	秸秆、树枝等大粒径原料进行机械粉碎
pH	5.5～9.0	用生石灰、石膏、醋酸等调节 pH
堆肥接种	0.1%～0.2%	按照湿物料的 0.1%～0.2% 接种

2. 一次发酵

通过曝气或翻堆，使堆体温度达到 55 ℃以上，条垛式堆肥维持时间不少于 15 天，槽式堆肥不少于 7 天，反应器堆肥不少于 5 天。堆肥温度高于 65 ℃时，应通过翻堆、搅拌、曝气等方式降低温度。曝气量宜为 0.05～0.20 米^{3}空气 /（分钟 · 米^{3}物料）。条垛式和槽式堆肥的翻堆频率宜为每天 1 次，反应器堆肥宜为间歇搅拌方式（开 30 分钟停 30 分钟），实际运行中可根据堆体温度和出料情况调整。

3. 二次发酵

堆肥产物作为商品有机肥或栽培基质时需进行二次发酵，堆体温度接近环境温度时终止发酵过程。堆肥过程控制参数见表 3-3。

表 3-3　堆肥过程控制参数

参数	控制范围	操作要求
温度	55 ℃以上	条垛堆肥≥15 天 槽式堆肥≥7 天 反应器堆肥≥5 天
曝气	0.05～0.20 米^{3}空气 /（分钟 ·米^{3}物料）	堆体内部氧气浓度≥5%

续表 3-3

参数	控制范围	操作要求
搅拌频率与翻堆次数	条垛式和槽式堆肥翻堆频率宜为每天 1 次，反应器堆肥宜为间歇搅拌（开 30 分钟停 30 分钟）	可根据堆体温度和出料情况调整
发酵结束时堆体温度	当堆体温度与环境温度差＜10 ℃时，堆肥完全腐熟；当 10 ℃＜温度差＜20 ℃时，堆肥基本腐熟	堆肥二次发酵结束时，堆体温度接近环境温度

3.2.3　堆肥技术工艺与设施装备

3.2.3.1　堆沤肥技术

1. 定义

堆沤肥技术是指通过自然堆存、被动通风的方式，利用土著微生物对有机固体废物进行生物降解的堆肥工艺。又称堆沤、自然堆沤、静态堆沤（肥）、兼性堆沤（肥）。

堆沤肥技术特性：

√ 有机质降解率低
√ 发酵腐熟时间长（＞3 个月）
√ 发酵温度较低（＜50 ℃）
√ 投资小、操作简单

2. 工艺流程

堆沤肥工艺流程如图 3-7 所示。

3. 堆沤肥操作过程

使用人工或小型搅拌设备对主料和辅料进行混合搅拌，混合完成后，使用人工或小型铲车等进行堆垛，堆垛高度不超过 1.5 米（图 3-8）。

堆沤肥初期可添加湿重 0.1%～0.2% 的微生物菌剂。整个发酵期需采取人工或小型翻堆机进行 4～8 次翻堆，保证充足的氧气。堆沤肥过程中须关注水分和温度的变化，适当补水或翻堆。堆沤肥周期一般不低于 3 个月。

场地选择	根据羊养殖量设计粪污静态发酵所需容量
物料选择	根据当地农业废弃物特点选择原料，因地制宜
物资准备	粉碎机、透明农膜、农具、水、微生物菌剂等
物料处理	将辅料作物秸秆、园林剪枝等粉碎至0.5~1.0厘米
物料配比	高碳源物料添加比例应大于10%
地面处理	地面硬化，可构建通气沟提高氧气自然扩散率
物料铺设	将物料堆成梯形，中间凹陷或插入成捆秸秆
覆盖保湿	表面铺设农膜、秸秆、锯末、椰糠、耕层土等
后续管理	注意观察物料水分及温度变化，进行补水或翻堆

图 3-7　堆沤肥工艺流程

图 3-8　铲车翻堆

4. 场地选择

⪢ 采用就近原则，选择离原料与产品施用距离最近的地点。

⪢ 堆肥场地应进行夯实和平整，并建设良好的排水系统，加盖屋顶、棚子、墙体等遮蔽物，以满足防雨、防渗和防溢流的“三防”要求（图 3-9、图 3-10）。

⪢ 堆粪场贮粪池总容积至少能贮存 3 个月的羊粪总量。

图 3-9　地面夯实

图 3-10　加盖遮蔽物

3.2.3.2　反应器堆肥技术

1. 定义

反应器堆肥是指将有机废弃物置于集进出料、曝气、搅拌和除臭为一体的密闭反应器内进行好氧发酵的堆肥工艺。

2. 工艺特点

√ 热量损失少，发酵时间短
√ 处理效果好，工艺、产品稳定
√ 集中排气，密闭收集，除臭方便
√ 单机、多机配置灵活
√ 占地面积小，土建投资少
√ 自动化程度高

3. 工艺控制

（1）原料控制　原料不应含有石块、玻璃、铁质类等杂质和有毒有害物质，进料含水率控制范围为 50%～80%。

（2）过程控制　堆肥过程中工艺参数见表 3-4。堆体温度大于 75 ℃时，应增加曝气。一般采取间歇曝气和间歇搅拌，如开 30 分钟停 30 分钟、开 60 分钟停 30 分钟等，实际运行中可根据堆体内部含氧量、堆体温度和出料情况调整曝气量或搅拌频率。

(3)产品控制　出料含水率高于40%,可增加搅拌频率和曝气时间,促进水分去除。

表 3-4　反应器堆肥工艺参数

参数	控制范围
发酵温度	60 ℃以上高温期≥5天
发酵周期	7～12天
供氧	氧气浓度≥5%
发酵后温度	≤40 ℃
发酵后含水率	≤40%
卫生要求	无蝇虫卵

4. 反应器类型

常见的堆肥反应器主要包括筒仓式堆肥反应器(图 3-11)和滚筒式堆肥反应器(图 3-12)。筒仓式堆肥反应器自带进料仓,两种反应器可选择铲车、小推车或物料输送机作为原料和产品的输送设备,实现进出料功能。反应器堆肥设备选择及配置参考表 3-5。

图 3-11　筒仓式堆肥反应器

图 3-12　滚筒式堆肥反应器

(1)筒仓式堆肥反应器:是一种从顶部进料、底部卸出堆肥的筒仓,每天都由一台旋转桨或轴在筒仓的上部混合堆肥原料,从底部取出堆肥。通风系统使空气从筒仓的底部通过堆料,在筒仓的上部收集废气并送到除臭系统进行处理。

(2)滚筒式堆肥反应器:是一个使用水平滚筒(通过机械传动装置翻动)来混合、通风、输出物料的堆肥系统。滚筒出料端通气,原料在滚筒中翻动时与空气混合。新的堆料在滚筒入口处添加,气流温度最高,堆肥过程开始。

表 3-5　反应器堆肥设备选择及配置

设备配置		2 吨 / 天	5 吨 / 天
筒仓式堆肥反应器	容积	50～60 米^3	80～90 米^3
	附属设施	铲车 / 小推车、除臭塔	铲车 / 小推车、除臭塔
滚筒式堆肥反应器	容积	80～90 米^3	160～170 米^3
	附属设施	铲车 / 物料输送机、除臭塔	铲车 / 物料输送机、除臭塔

3.2.3.3　条垛式堆肥技术

1. 定义

条垛式堆肥是指将混合好的物料堆成条垛进行好氧发酵的堆肥工艺，是一种应用较为广泛的堆肥工艺。

2. 工艺流程

条垛式堆肥工艺流程如图 3-13 所示：

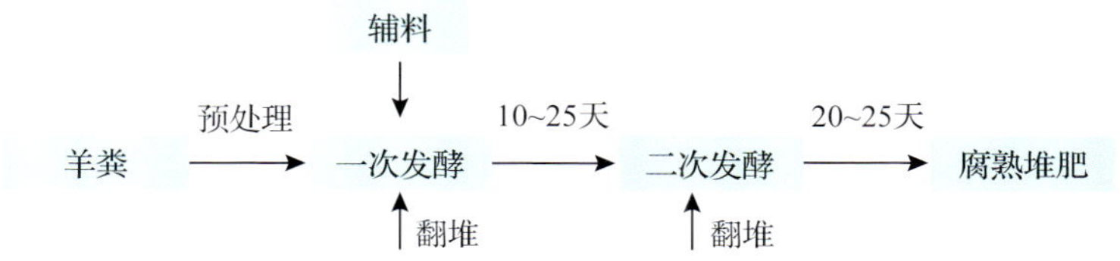

图 3-13　条垛式堆肥工艺流程

❶ 用铲车将经过预处理的羊粪及辅料进行混合，然后在发酵区堆制成长条形的堆或条垛；

❷ 采用铲车或条垛翻堆机进行翻堆搅拌曝气，经过 10～25 天的一次发酵后，堆体体积减小；

❸ 通过铲车将条垛整合，进行二次发酵，待温度逐渐降低并稳定后，产品即完全腐熟，总发酵周期为 30～50 天。

3. 堆肥场地

条垛式堆肥所需场地应包括辅料贮存区、原料混合区、条垛发酵区和成品暂存区等单元(图 3-14)。辅料贮存区应满足 10～30 天的使用量,条垛宽度为 2～4 米,高度为 1.0～1.5 米,条垛长度可根据场地情况灵活掌握,条垛间应预留 0.5～1.0 米的间隔距离,发酵区周围预留 3～6 米宽的铲车运输道路。

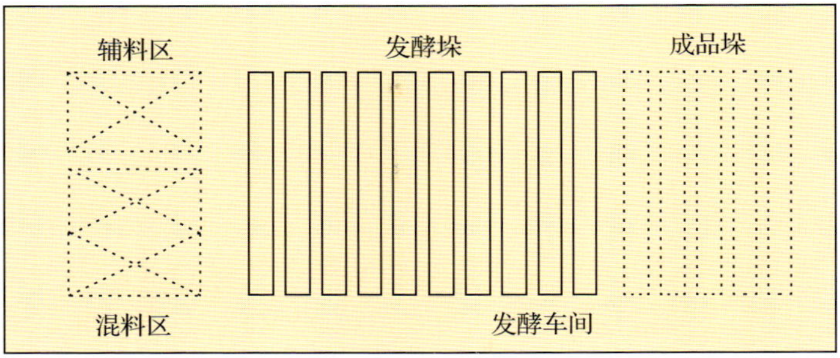

图 3-14 条垛式堆肥场地示意图

4. 过程控制参数

条垛式堆肥工艺控制包括原料预处理、一次发酵和二次发酵三个阶段(表 3-6)。

表 3-6 条垛式堆肥工艺参数

发酵阶段	名称	工艺控制参数
原料预处理	畜禽粪便性质	结构疏松不结冰、结块,含水率 50%～80%
	辅料性质	粒度 0.1～2.0 厘米,含水率＜30%
	混合物料性质	含水率 55%～65%,碳氮比 =(20～40)∶1,pH 为 5.5～9.0
一次发酵	发酵周期	20～30 天
	翻堆频率	1 次 / 天
	发酵温度 / 时间	55 ℃以上;≥15 天
	产品要求	含水率≤50%,温度≤40 ℃,无蝇无虫卵
二次发酵	发酵周期	20～30 天
	翻堆频率	1 次 /2 天
	成品要求	含水率≤45%,温度≤35 ℃,无臭味

3.2.3.4　膜堆肥技术

1. 定义

膜堆肥技术是指在强制通风静态条垛式好氧堆体上，覆盖单向选择性透气透湿功能膜，阻隔外界水汽进入和内部污染气体排放、促进物料腐熟的新型好氧堆肥技术。

膜特性

适用性能：防水与透湿
控制性能：选择透过性
材料特性：强度与防腐

2. 工艺流程

膜堆肥工艺流程如图 3-15 所示。在条垛式堆肥堆体上覆盖纳米膜，利用重物压实、绳索紧固或机械密封等方式进行密封。系统密封完成后启动供风系统，向系统内持续鼓风，使纳米膜鼓起并处于紧绷状态，所需时间应不高于 5 分钟。

由纳米膜好氧发酵堆肥机对堆体温度、堆料间氧气浓度等关键工艺参数进行自动监控。堆体温度宜控制在 55～70 ℃，且持续时间不得少于 7 天；65～70 ℃ 的高温期维持不少于 3 天。通过控制曝气风量保持堆料间氧气浓度在 5% 以上。当堆体温度下降并连续两天保持 40 ℃ 以下时终止覆膜发酵。

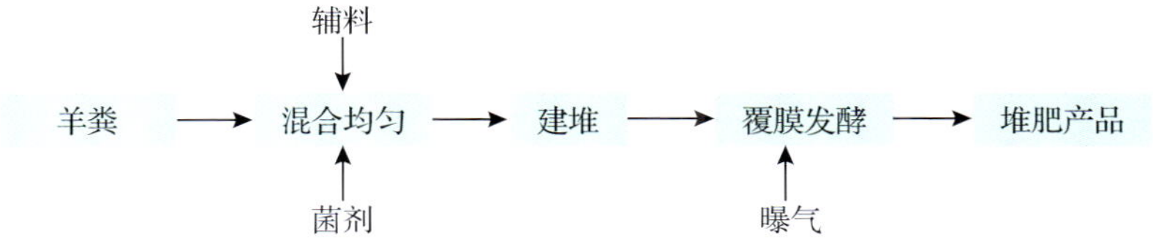

图 3-15　膜堆肥工艺流程

3. 基础设施

膜堆肥基础设施如图 3-16 所示。

传感器与控制策略

- 温度传感器：建议选用 PT100。

- 氧浓度传感器：建议选用氧化锆探头，原位泵吸式或多级防滤。
- 压力传感器：监测膜下微正压环境，可替代氧浓度传感器。
- 反馈控制通风：氧浓度 10%～15% 及以上，实时反馈控制通风。

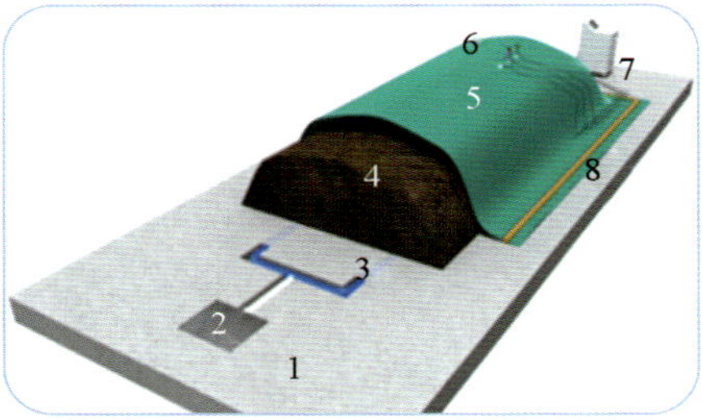

图 3-16 膜堆肥基础设施

1. 基建；2. 下水沟；3. 通风管路；4. 发酵堆体；5. 功能膜；6. 传感器；7. 控制系统；8. 膜密封装置

4. 经济性

不同堆肥方式性能比较如表 3-7 所示。

表 3-7 不同堆肥方式性能比较

项目	条垛式堆肥	槽式堆肥	反应器堆肥	静态垛堆肥	智能膜法堆肥
投资成本	低	较高	高	低	较低
运行成本	低	较高	高	较低	较低
操作难度	低	较低	难	较低	较低
受气候条件影响大小	大	小	小	较大	小
臭味控制	差	良	优	良	优
占地面积	大	中	小	大	适中

续表 3-7

项目	条垛式堆肥	槽式堆肥	反应器堆肥	静态垛堆肥	智能膜法堆肥
堆肥时间	长	较短	短	较短	较短
堆肥产品质量	良	良	优	良	优
自动化程度	低	较高	高	较高	高
处理规模	较大	大	较小	较大	较大

成本比较：

智能膜法堆肥成本比条垛式堆肥降低 60%，比槽式堆肥降低 70%，比反应器堆肥降低 90%。每处理 1 吨粪便可节省投入至少 8 元。

3.2.4　堆肥过程监测与控制

根据堆肥物料中有机物的变化和堆肥工艺控制参数的变化，通过堆肥过程监测与控制，观察堆肥过程进行是否顺利，从而有效提升堆肥产品质量。数据监测和翻堆是日常管理的关键。

① 数据监测

每天定点对堆体的温度、高度、重量、含水率等指标进行测量并记录堆体情况（图 3-17）。

图 3-17　温度监测

图 3-18　原料收集

② 原料收集与添加

定期收集原料（粪便及辅料），根据堆体的腐熟情况及时补充新的物料（图 3-18）。

图 3-19　翻堆

③ 翻堆与补水

若堆体沉降高度超过10%或温度持续下降10 ℃以上，须使用铁锹进行翻堆操作，混合物料补充氧气。若堆体过干，可适当补水；若堆体过湿，可适当补充干草等辅料进行混合（图 3-19）。

3.2.5　堆肥产品质量评价

图 3-20　烧苗

堆肥在有机质矿化和腐殖化过程中，会伴随盐分离子、有机碳氮等多种物质转化，产生有机酸、酚酸和铵态氮等植物毒性物质，不腐熟的堆肥会造成植物根际缺氧、抑制作物萌发等问题（如烧苗，见图 3-20），不能直接还田施用。

《有机肥料》（NY/T 525—2021）和《畜禽粪便堆肥技术规范》（NY/T 3442—2019）从堆肥的腐熟度、养分含量、有害物质（病原菌、重金属）含量等方面规定了有机肥料的质量标准。堆肥腐熟标准参数见表 3-8。

表 3-8 堆肥腐熟标准参数

项目	《有机肥料》(NY/T 525—2021)	《畜禽粪便堆肥技术规范》(NY/T 3442—2019)
有机质(干基)/%	≥30	≥30
养分 $N+P_2O_5+K_2O$/%	≥4.0	/
水分(鲜基)/%	≤30	≤45
酸碱度(pH)	5.5～8.5	5.5～8.5
种子发芽指数(GI)/%	≥70	≥70
蛔虫卵死亡率/%	≥95	≥95
粪大肠菌群数/(个/克)	≤100	≤100
重金属(干基)/(毫克/千克)	总 Cd≤3,总 Pb≤50,总 Cr≤150,总 As≤15,总 Hg≤2	

腐熟度是指堆肥达到稳定和腐熟的程度,是衡量堆肥产品质量的一个重要指标,决定了堆肥产品能否安全利用。腐熟度评价体系主要包括物理、化学和生物三类评价指标。

3.2.5.1 物理指标

《畜禽粪便堆肥技术规范》(NY/T 3442—2019)和《生物质废物堆肥污染控制技术规范》(HJ 1266—2022)等标准提出:堆温≥55 ℃,至少持续 5 天;堆温≥65 ℃,至少持续 3 天。

腐熟度判断小技巧

- 颜色:棕褐或黑色等,表面有白色、灰白色菌丝附着;
- 气味:森林泥土的味道,无臭味,不招引蚊虫;
- 温度:温度自然降低,逐渐接近环境温度;
- 黏度:呈现疏松的团粒结构,堆体物料松散、易破碎。

3.2.5.2 化学指标

（1）pH　堆肥原料和发酵初期，堆料多呈弱酸性或中性，pH 一般为 6.5～7.5；腐熟的堆肥一般呈弱碱性，pH 为 8～9。

（2）电导率（EC）　反映了堆肥浸提液中离子总浓度，即可溶性盐含量。堆肥结束时，EC 小于 4 毫西门子 / 厘米即对种子发芽和幼苗生长没有抑制作用。

（3）碳氮比（C/N）　不同种类的原料堆肥腐熟后水溶性 C/N 稳定在 5～6。固态碳氮比随堆肥时间逐渐下降，与初始相比下降 30%，一般维持在 15～20。

3.2.5.3 生物指标

种子发芽指数（GI）被认为是最便捷、经济和有效的一种生物评价指标，《有机肥料》和《畜禽粪便堆肥技术规范》均将 GI≥70% 作为腐熟标准。种子发芽指数（GI）测算方法如下：

① 堆肥培养液制备

称取试样（鲜样）10.00 克，置于 250 毫升锥形瓶中，将样品含水率折算后，按照固液比（质量：体积）1：10 加入相应质量的水，盖紧瓶盖后垂直固定于往复式水平振荡机上，调节频率 100 次 / 分钟，振幅不小于 40 毫米，在 25 ℃下震荡浸提 1 小时，取下静置 0.5 小时后，取上清液于预先安装好滤纸的过滤装置上过滤，收集过滤好的浸提液，摇匀后供分析用。滤液当天使用，或在 0~4 ℃环境中保存不超过 48 小时。

② 种子培养过程

在 9 厘米培养皿中放置 1 张或 2 张定性滤纸，其上均匀放入 10 粒大小基本一致、饱满的黄瓜（或萝卜，未包衣）种子，加入供试样浸提液 10 毫升，盖上培养皿盖，在（25±2）℃的培养箱中避光培养 48 小时（图 3-21）。

以水［符合《分析实验室用水规格和试验方法》（GB/T 6682—2008）中三级水规定］作对照进行空白试验。每个处理至少 3 个重复。

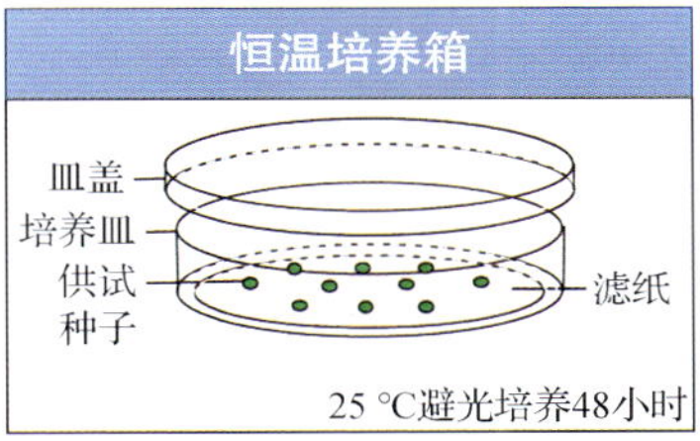

图 3-21　种子培养示意图

③ 结果测量

统计发芽指数，并用游标卡尺逐一测量主根长度（图 3-22）。

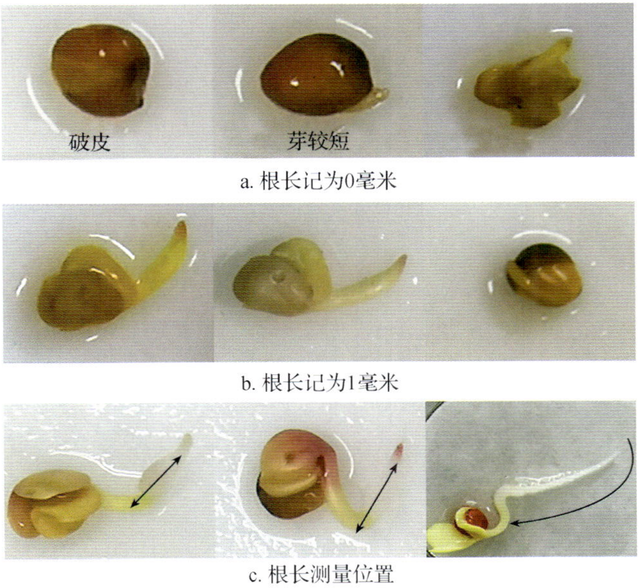

图 3-22　发芽根长测量

（1）发芽　种皮破裂。

（2）根长　根毛生长之处测量。①种皮破裂或刚出芽记为 0 毫米；②种子发芽较长但无根毛记为 1 毫米。

④ 指标计算

种子发芽指数 GI 的计算公式如下：

$$GI=\frac{A_1\times A_2}{B_1\times B_2}\times 100\%$$

式中：A_1 为有机肥料浸提液培养的种子中发芽粒数占放入总粒数的百分比，%；A_2 为有机肥料浸提液培养的全部种子的平均根长数值，毫米；B_1 为水培养的种子中发芽粒数占放入总粒数的百分比，%；B_2 为水培养的全部种子的平均根长数值，毫米。

种子发芽指数结果如图 3-23 所示。

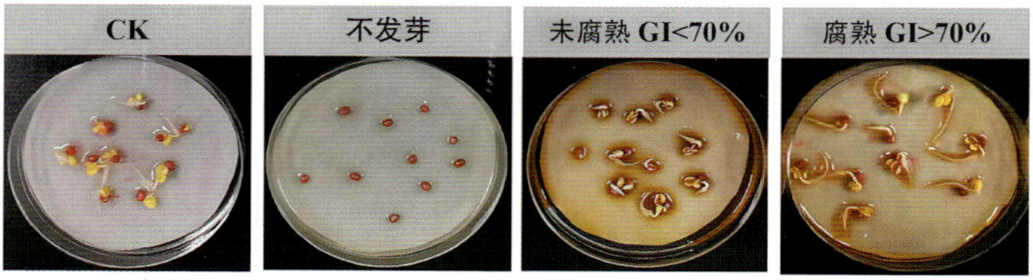

图 3-23 种子发芽指数结果

3.2.6 堆肥过程臭气控制

- 恶臭气体作为七大环境公害之一，是扰民的公共污染，在整个环境投诉案件中占比居第二位。
- 恶臭源会滋生蚊蝇，引起人和家畜的呼吸道疾病等，造成疾病传播。
- 《中华人民共和国国民经济和社会发展第十四个五年规划和2035 年远景目标纲要》明确提出要“加强恶臭污染物治理”。《恶臭污染物排放标准》(GB 14554—1993) 提出了 9 种主要臭气种类及排放标准。

堆肥过程产生的恶臭气体种类复杂，其中氨气（NH_3）和硫化氢（H_2S）是排放浓度最高的臭气（表 3-9）。造成堆体厌氧因素主要包括堆体水分过多、通气（氧气）不足、堆体结构不合理、堆体体积过大等，可以通过调节原料配比、调控工艺、添加覆盖物或添加剂等措施减少和控制臭气排放。

表 3-9 主要臭气种类及排放标准 毫克/米^3

序号	控制项目	一级	二级 新扩改建	三级 新扩改建	新标准 DB12/059—2018
1	氨（NH_3）	1.0	1.5	4.0	0.20
2	三甲胺（C_3H_9N）	0.05	0.08	0.45	0.05
3	硫化氢（H_2S）	0.03	0.06	0.32	0.02
4	甲硫醇（CH_4SH）	0.004	0.007	0.020	0.002
5	甲硫醚（C_2H_6S）	0.03	0.07	0.55	0.02
6	二甲二硫（$C_2H_6S_2$）	0.03	0.06	0.42	0.05
7	二硫化碳（CS_2）	2.0	3.0	8.0	0.50
8	苯乙烯（C_8H_8）	3.0	5.0	14	1.0
9	臭气浓度（无量纲）	10	20	60	20

1. 原料配比调控

堆肥前原料进行预处理调控至最优条件，避免后期大量产生氨气（NH_3）和硫化氢（H_2S）等臭气。堆肥前需要收集适宜的物料，表 3-10 列出常见的碳源物料以及氮源物料，调节混合物料最适宜的碳氮比至 20～30。富碳物料水分偏低，富氮物料水分偏高。堆肥原料若过干，需要按重量调节含水率至 50%～60%。原始物料若过大，需要粉碎物料平均粒度至 2～60 毫米。

表 3-10 常见堆肥碳源和氮源物料碳氮比

种类	碳 /%	碳氮比（C/N）	种类	氮 /%	碳氮比（C/N）
锯末	47	127.0	猪粪	2.1	21.0
稻草	42	67.0	牛粪	1.7	23.2
秸秆	43	44.0	羊粪	2.0	16.6
稻壳	41	50.0	鸡粪	2.4	14.0
园林剪枝	42	74.0	鸭粪	1.7	17.9
腐熟堆肥	34	12.0	厨余垃圾	2.4	16.0

含水率判断小技巧：

抓取一把物料，握紧后若有液体滴下，可判定物料含水率大于 70%；松开手后，若物料直接散开，可判定物料含水率小于 40%；若物料成团且轻摇即散开，则可判定该混合物料含水率在 50%～60%。

2. 工艺调控

通风是影响好氧堆肥过程中温度变化、微生物活性、气体成分、水分去除和产品质量的重要参数。通风量过高会造成热量散失，使堆体温度降低，影响堆肥进程；通风量过低会使堆体内氧含量不足，容易造成厌氧；维持堆体内氧气含量在 5% 以上，可避免恶臭产生。

图 3-24 翻堆供氧

① **翻堆供氧** 翻堆能够使氧气与物料充分接触，根据堆体的体积，可分为机械翻堆和人工翻堆。翻堆频次一般为 1 周 1 次，氧气浓度过低时可适当增加翻堆次数，保证氧气供给（图 3-24）。

② **表面自然扩散供氧**　由于堆体表面氧气扩散至堆体内部的距离有限，堆体体积过大易造成堆体中心厌氧。自然堆沤建议控制堆体高度在1.5米以下，最佳宽度为1米，控制在4米以内（图3-25）。

图3-25　表面自然扩散供氧

③ **强制通风供氧**　往往利用机械（离心风机等）向固体物料内部进行供氧，能够去除水分、控制堆体温度。反应器堆肥适宜的通风速率为0.2～0.4升/（千克干物质·分钟）或0.05～0.20米^3/分钟（以每立方米物料为基准）（图3-26）。

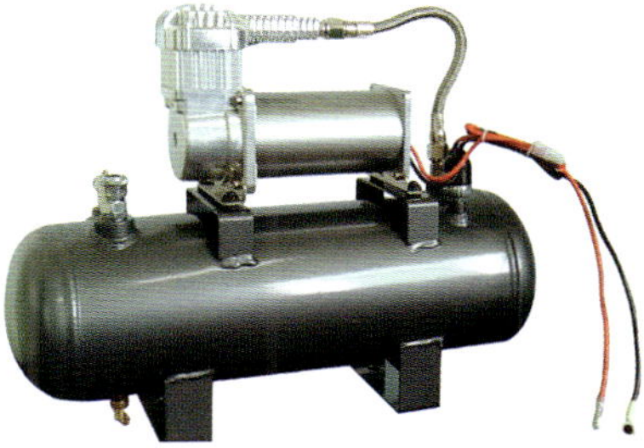

图3-26　强制通风供氧

3. 表层覆盖

堆肥表层覆盖5～10厘米的材料，可有效减少堆肥过程中臭气的排放。覆盖的材料一般要求透气、廉价易得，具有挡雨、保温的作用。目前，推荐的覆盖材料有沙土、有机物（秸秆、干草树叶、锯末、稻壳、菌糠等）、功能膜、腐熟堆肥等（图3-27）。

① 沙土　具有成本低廉、取材方便等优点，存在堆肥时间长、腐熟度低等问题，适用于土地面积较大的家庭养殖户。

② 有机物　具有成本低廉、取材方便、有机物易降解等优点，可减排30%臭气，易受材料季节限制，适用于中小型养殖场（户）。

③ 功能膜　具有臭气控制效果好(减排 50% 以上臭气)、循环利用、处理量大、防水等优势,初期投资成本较高,适用于土地面积较大、环保要求较高、投资大的大中型养殖场、有机肥厂。

④ 腐熟堆肥　孔隙度高且富含有益微生物,具有物理吸附与生物接种降解双重优势,能够减排 30%～50% 臭气,有效缩短堆肥周期,适用于不同规模养殖场(户)。

沙土　有机物　功能膜　腐熟堆肥

图 3-27　常见的表层覆盖材料

4. 外源材料添加

添加外源材料能够调控堆肥的理化性质,影响堆肥的微生物群落,从而进一步影响堆肥进程,有效调控堆肥污染气体排放和腐熟度,增加堆肥产品肥效,主要有物理、化学、生物三类添加剂。

1 物理添加剂　包括生物炭和沸石等。

①生物炭:多孔结构,贮水、吸附能力强,可减排 30%～50% NH_3,接种量宜为堆肥物料干重的 8%～10%。

②沸石:含有丰富的微量元素(如钙、镁、铁等),具有吸水性和离子交换性,可减排 30% 污染气体,接种量宜为堆肥物料干重的 10%。

2 化学添加剂　包括含磷添加剂和氯化铁等。

①含磷添加剂:主要包括钙镁磷肥、过磷酸钙、磷石膏等,减排 22%～50% 的氨气,接种量宜为堆肥物料干重的 10%～15%。

②氯化铁：高效除臭保氮添加剂，可调节pH，用于生产高氮有机肥，接种量宜为堆肥物料干重的10%～15%。

③ 生物添加剂　包括除臭菌剂和腐熟堆肥等。

①除臭菌剂：高效复合微生物菌剂，活力强，发酵分解快，环保性能好，接种量宜为堆肥物料干重的0.1%～0.2%。

②腐熟堆肥：含有大量功能微生物，且具有较为疏松的结构，可减少30%以上氨气排放，接种量宜为堆肥物料干重的10%～20%。

3.2.7　羊粪有机肥还田优势

1. 有机肥还田可以提高土壤肥力

- 促进土壤团粒结构的形成，改善土壤结构；
- 增加土壤养分含量（速效氮、磷、钾等）；
- 有效提高土壤缓冲能力；
- 提高土壤的生物活性，加速微生物的生长和繁殖。

2. 有机肥还田对作物生长具有积极影响

- 提供作物生长所需要的各类养分（如氮、磷、钾等）以及活性功能物质（如维生素、腐殖酸、激素等），使作物根系旺盛生长，提高养分吸收能力以及作物品质（图3-28）；
- 有机肥含有有益微生物等，能增强作物的抗逆性、抗病性以及对不良环境的适应能力；
- 具有任何化学肥料所不可比拟的优越性，使作物能够保持独特营养风味。

图 3-28 有机肥施用效果

3. 有机肥还田具有良好的生态环境效益

⋙ 有机肥替代化肥，促进了化肥减量增效，推动了农业绿色发展，改善了生态环境；

⋙ 有机肥还田减少了土壤养分淋溶作用，降低了地下水污染风险。

3.2.8 羊粪有机肥还田施用技术

我国高度重视畜禽养殖废弃物资源化利用工作，将其作为发展种养循环农业、推动绿色生产和建设美丽乡村的重要内容。国家先后出台了《畜禽粪便还田技术规范》(GB/T 25246—2010)、《畜禽粪便安全还田施用量计算方法》(NY/T 3958—2021)、《畜禽粪便土地承载力测算方法》(NY/T 3877—2021)、《畜禽养殖粪肥还田利用技术规范》(DB11/T 1870—2021)等为畜禽粪肥还田利用提供依据。

1. 基肥(基施)

有机肥料养分释放慢、肥效长，最适宜作基肥施用，可替代 50% 化肥施用，主要有以下几种施肥方式(图 3-29)。

❶ 撒施　在耕地前将肥料均匀撒于地表，翻耕入土，使肥土相融，此方法适用于水田、大田作物及蔬菜作物。

❷ 条施（沟施）　结合犁地开沟，将肥料按条状集中施于作物播种行内，适用于大田、蔬菜作物。

❸ 穴施　在作物播种或种植穴内施肥，适用于大田、蔬菜作物。

❹ 环状施肥（轮状施肥）　也称环施，在冬前或春季，以作物主茎为圆心，沿株冠垂直投影边缘外侧开沟，将肥料施入沟中并覆土，适用于多年生果树。

图 3-29　基肥的不同施肥方式

2. 追肥（追施）

羊粪有机肥料含有大量速效养分，是理想的基肥，也可作追肥施用，一般适宜进行穴施或沟施。

3. 育苗肥

以 10% 的腐熟有机肥料加入一定量的草炭、蛭石或珍珠岩，用土混合均匀，作为育苗基质使用（图 3-30）。

图 3-30　有机肥育苗施用

4. 有机肥还田量

有机肥还田量以生产需要为基础，以地定产、以产定肥；根据土壤肥力，确定作物预期产量，计算作物单位产量的养分吸收；结合羊粪有机肥中营养元素的含量、作物当年或当季的利用率，计算基施或追施应投加的肥量。常见作物有机肥施用量见表 3-11。

表 3-11 常见作物有机肥施用量 吨 / 公顷

粮食作物种类	小麦和玉米		水稻		
施用限量	14～19		16～22		
果树种类	苹果		梨		柑橘
施用限量	20		23		29
蔬菜种类	黄瓜	番茄	茄子	青椒	大白菜
施用限量	23	35	30	30	16

注：以上数据参考《畜禽粪便还田技术规范》，以上限值均指在不施用化肥情况下，以干物质计算的羊粪肥料的使用限量。如果施用牛粪、鸡粪、猪粪等肥料，可根据羊粪换算，其换算系数为牛粪 0.8，鸡粪 1.6，猪粪 1.0。

3.3 厌氧发酵技术

3.3.1 定义

沼气发酵又称甲烷发酵、厌氧发酵或厌氧消化，就是在特定的厌氧条件下，微生物将有机物质进行分解，其中一部分碳素物质转化为甲烷和二氧化碳的过程（图 3-31）。

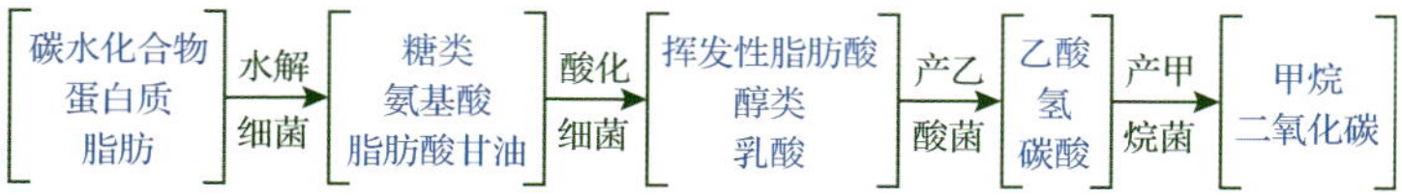

图 3-31 沼气发酵过程

沼气发酵可以分为 4 个阶段：第一阶段，水解细菌利用胞外酶将有机物进行体外酶解，分解成小分子物质；第二阶段，小分子物质在酸化菌的细胞内转化为挥发性脂肪酸（VFA）、醇类和乳酸等更简单的化合物；第三阶段，上一阶段产物被产乙酸菌等进一步转化为乙酸、氢和碳酸；第四阶段，乙酸、氢、碳酸、甲酸和甲醇等被产甲烷菌转化为甲烷和二氧化碳。沼气发酵过程日产甲烷量变化规律如图 3-32 所示。

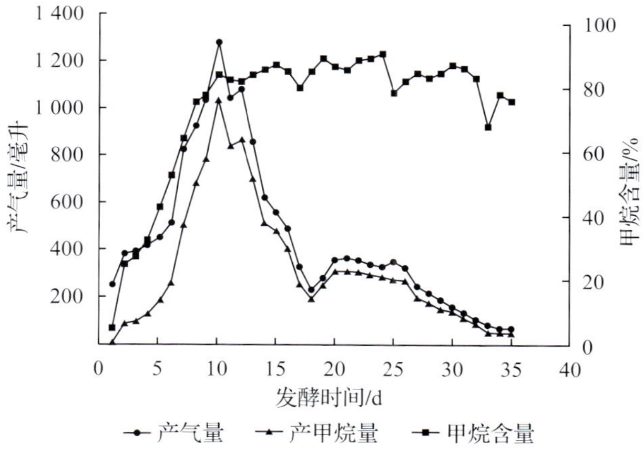

图 3-32　沼气发酵过程日产甲烷量变化规律［根据向天勇等（2017）改绘］

3.3.2　工艺流程

厌氧发酵工艺流程如图 3-33 所示。

1. 原料预处理

干秸秆经粉碎后的粒径宜为 20～50 毫米，鲜秸秆粉碎后的粒径宜为 20～30 毫米。还可采用高温高压物理预处理或酸解碱解工艺等化学预处理，或者在化学预处理后，引入微生物菌剂，进一步促进纤维素和半纤维素的分解。

羊粪预处理首先须进行润湿，可采用自来水或沼液进行喷淋的方式，羊粪与液体的质量比例为 1∶（1～2），喷淋后须静置 12～48 小时，然后依次进行输送、破碎和调浆的预处理工作。

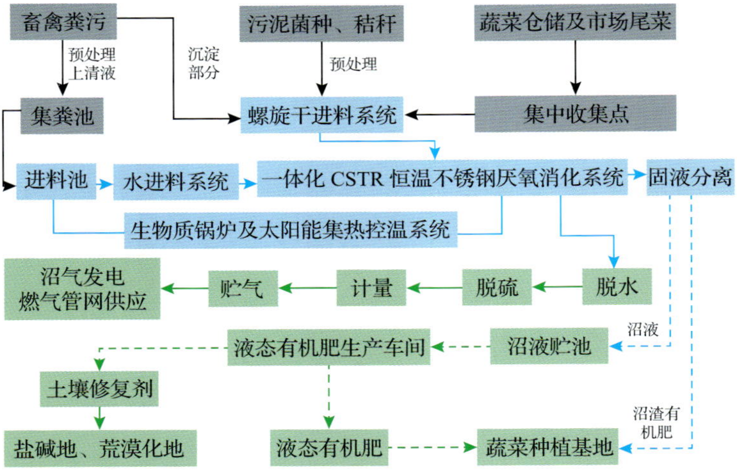

图 3-33 厌氧发酵工艺流程

注:实线为厌氧发酵关键步骤。

2. 接种物(污泥菌种)的选择和富集

接种污泥数量为 10%～15%。没有现成的污泥时,可选择污水处理厂的消化污泥。也可利用原料本身或单一或几种粪便的混合物进行培养富集,但周期较长。

将厌氧活性污泥投入培菌富集贮池内,将新鲜畜粪按 20%～40% 的干物质浓度,按池容量的 80%～90% 配装,并加盖塑膜。料液每日升温不宜超过 2 ℃。在保证培菌温度的情况下,每次培养 5～7 天。同时满足 pH 为 6.8～7.5,COD 去除率在 80% 以上,沼气中甲烷含量>50% 时方可提高进料负荷,直至达到工程设计的运行负荷要求。

沼气含量判断小技巧

当贮池液体表面呈黑褐色,并有大量气泡产生时,把气泡收集起来移到安全场所点燃,其火焰呈浅蓝色或蓝中略带红色,此时收集的气体中 CH_4 含量≥ 50%。

3. 工艺控制条件

厌氧发酵主要技术参数如表 3-12 所示。

表 3-12　厌氧发酵主要技术参数

工艺参数	高温 (55±2) ℃	中温 (35±2) ℃	常温 (12 ~ 30 ℃)
营养组成	碳氮比以 (20～30) ∶ 1 为佳，碳氮磷比以 100 ∶ 4 ∶ 0.8 为宜。		
pH	6～8		
含固率 /%	6～8	6～8	3～5
水力停留时间 / 天	6～10	15～20	＞56
容积产气率 / [米 ^{3}/(米 ^{3} ·天)]	≥2	≥1.3	0.1～0.4
运行可控性	难	适中	易

4. 日常运行管理

(1) 温度控制　每天定点对堆体的温度进行监测，并及时采取措施进行调节。

(2) 进 / 出料控制　一般每隔 7 天进出的料以 5% 为宜。

(3) 指标控制　定期对 pH 或挥发性脂肪酸 (VFAs) 等指标进行检测，并通过石灰、酸性废液等进行调节。VFAs 浓度应＜500 毫克 / 升，当＞1 000 毫克 / 升时则表明已经酸化，须降低进水浓度，或通过投加石灰、新鲜污泥等方式进行调节。

(4) 水位控制　定期检查，及时补水或排水。

(5) 气体排放管理　定期检查气体排放相关管道及装置，确保正常工作，防止沼气积存引发爆炸等安全事故。

5. 沼气净化

沼气由 50%～80% 的甲烷、20%～40% 的二氧化碳与 0.1%～3.0% 的硫化氢等气体组成。沼气净化主要通过脱水、脱硫和提纯等工艺，提高沼气中甲烷含量，以满足发电或加热的要求。在正常使用的沼气中，包括沼气发电机的使用在内，甲烷含量均应在 55% 以上。

6. 沼液和沼渣的处置

沼气发酵过程一般会消耗 50%～70% 的干物质，剩余部分的干物质则进入沼渣（25%～45%）和沼液（<5%）中。沼渣经过干燥处理或者添加干料的方式降低含水率至 50%～60%（即手抓出水，但不会往下滴），之后经过好氧堆肥成为有机肥。沼液可用于生产液态有机肥。

3.3.3 主要畜禽粪便的产气率

主要畜禽粪便的产气率如表 3-13 所示。

表 3-13 主要畜禽粪便的产气率

原料种类	总固体 /%	C/N	原料沼气产率		原料甲烷产率
			/（米^3/千克鲜重）	/（米^3/千克总固体）	/（米^3/千克鲜重）
鲜猪粪	22～30	13	—	0.252～0.500	—
猪粪污	3～8	3～10	0.020～0.035	—	0.012～0.021
鲜牛粪	16～25	26	0.060～0.120	0.180～0.250	0.033～0.036
牛粪污	5～12	25	0.020～0.030	—	0.011～0.019
鲜羊粪	30～32	29	—	0.206～0.273	—
马粪	28	24	0.063	0.204	0.035
鸡粪	28～33	3～10	—	0.323～0.375	—
鸭粪	16～18	—	—	0.359～0.441	—
兔粪	30～37	—	—	0.174～0.210	—

3.3.4 提高沼气池产气率的方法

提高沼气池产气率的方法有物料复配、料泥比调控、微氧曝气、外源物理材料介导、外源化学材料介导等（图 3-34）。

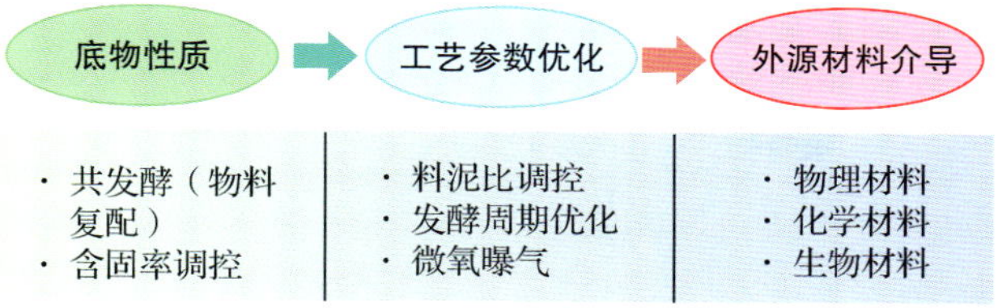

图 3-34　提高沼气池产气率的方法

1. 物料复配

优化底物复配比例（如蛋白质：油脂：易降解碳水化合物：木质纤维素的比例约为 3：2：2：3），并逐步投加油脂，有利于启动阶段产甲烷，可提升甲烷产量 30%～50%。

2. 料泥比调控

调控厌氧发酵底物料泥比（F/I）为 1.5（基于挥发性固体），相比于 F/I=1 和 2 的处理，可将容积甲烷产量提高 30% 以上。将后续沼渣堆肥的胡敏酸含量提升 30%～60%，实现堆肥过程促腐减排。

3. 微氧曝气

在启动阶段，可尝试微量曝气，采用曝气强度为 1.25 升 /（分钟·升物料），曝气时间为每天 5 分钟，有利于提高甲烷产率，维持体系稳定。

4. 外源物理材料介导

（1）活性炭　添加总固体含量 2%～5% 的活性炭，可提高产气率。

（2）生物炭　添加总固体含量约 7% 的生物炭，可增强产气效果。

5. 外源化学材料介导

（1）碳酸氢铵、尿素　每立方米发酵液添加 1～3 千克碳酸氢铵或 0.3～1.0 千克尿素，可提高 30% 的产气量。

(2) 钾、钠、钙、镁　这几种物质能刺激沼气发酵，不同程度地提高产气量、甲烷含量以及有机质分解率，适宜浓度分别为200～400毫克/升、100～200毫克/升、100～200毫克/升和75～150毫克/升。

(3) 纤维素酶　添加纤维素酶，能促进纤维素分解，提高秸秆等的利用率，使产气量提高34%～59%。

(4) 硫酸锌　添加0.005%～0.020%的硫酸锌可以提高沼气产量，但不宜超过0.05%。

(5) 碱性物质　加入适量的石灰或石灰水、白云石等，可防止酸化，为产甲烷菌提供营养，有利于产气量的提高。

(6) 油饼　加入少量油饼，可增加氮素，提高产气速度和甲烷的含量，但由于油饼含磷素丰富，不能加过多。

3.3.5 沼气的用途

1. 燃料气体

沼气可压缩成液态石油气，广泛应用于家庭、商业和工业领域，用作燃料气体。

2. 热能利用

沼气可用于加热，替代燃气、石油等传统燃料，降低能源成本和环境污染。

沼气热量小提示

沼气发热量为20 800 ～ 23 600千焦/米^3，相当于0.55千克柴油或0.80千克标准煤或0.6米^{3}天然气充分燃烧后放出的热量。

3. 发电

沼气可用于发电，通过燃烧沼气驱动发电机发电，减少对传统燃料的依赖，同时减少温室气体的排放。沼气发电量为 1.5～2.0 千瓦·时 / 米 ^{3}。

4. 燃料汽车

沼气可用作动力燃料，用于汽车、卡车等车辆的运行，减少对传统燃料的依赖，减少车辆排放的污染和噪声。

3.3.6　沼渣和沼液的施用

沼渣和沼液的还田利用如图 3-35 所示。

① 沼渣施用方法

（1）施用方法　泼洒并耕翻、开沟挖穴浇灌。

（2）施用量　沼渣用作基肥时，施用量为 15～30 吨 / 公顷，不宜超过 45 吨 / 公顷，可直接泼洒田面，并立即耕翻；沼渣用作追肥时，施用量为 10～15 吨 / 公顷，可以直接开沟挖穴浇灌在作物根部周围，并覆土以提高肥效。水利条件好的地方，可以结合农田灌溉。

② 沼液施用方法

（1）施用方法　叶面喷施、根部淋施。

（2）喷施浓度　喷施时，视作物生长时期和温度而定，一般 1 份沼液加 0～2 份清水；淋根时，一般 1 份沼液加 2 份清水淋浇根部，或者开沟灌施，施后再灌 1 遍清水。

（3）施用量　一般蔬菜喷施 0.6～1.5 吨 / 公顷，蔬菜淋施 7.5～15.0 吨 / 公顷。果树根据树龄，淋施 7.5～50.0 千克 / 棵。

图 3-35 沼渣和沼液的还田利用

3.4 燃料化技术

3.4.1 定义

畜禽粪便经自然晾晒、风干后，直接用作燃料，或经过脱水后进行挤压造粒，加工成生物质燃料棒或燃料粒。

牛羊粪热量小提示：

干牛粪的热值约 12 000～15 000 千焦／千克，相当于标准煤的 0.41～0.51；经压块制成生物质燃料，热值可在 15 500～18 800 千焦／千克，为标准煤的 0.53～0.64。干羊粪的热值为 14 000～17 000 千焦／千克。

3.4.2 晒干处理法

晒干处理法适用于阴雨天少、易晒干的地区，应尽量选择阳光充足的平坦地带，避免被雨淋湿发霉，晒干后的粪便可用于生火做饭以及冬季取暖（图 3-36）。

3.4.3 生物质成型燃料制备工艺

生物质成型燃料制备工艺流程，如图 3-37 所示。

图 3-36　粪便风干和燃烧

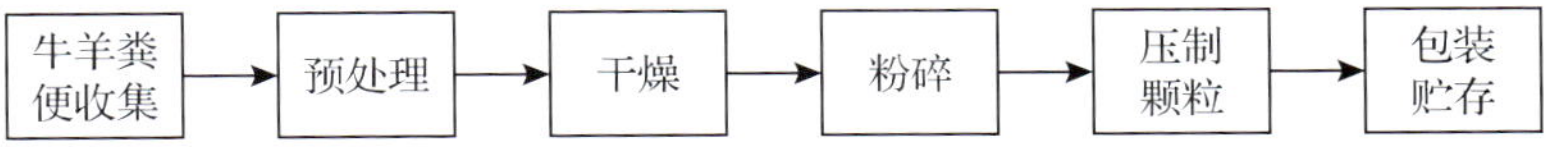

图 3-37　生物质成型燃料制备工艺流程

1. 预处理

预处理主要包括去除杂质、沙土和其他无机物质。

2. 干燥

干燥方式通常包括自然干燥和机械干燥。机械干燥使用压榨机或烘干机等专用干燥设备（图 3-38）。含水率控制在 10%～15% 为宜，若水分过高，导致碎块增加；若水分过低，则降低成型黏结性。

牛羊粪生物质燃料特性：

- 来源广泛；
- 燃点低，起火快，火力大，烟尘少，无 SO_2 排放，无刺激性气味；
- 生物质燃料燃尽率达到 96%，剩余 4% 灰分含镁、钾、钠等；
- 光滑颗粒状，无灰尘，干净卫生，方便添加。

3. 粉碎

利用燃料破碎机（图 3-39）进行多次破碎，使粒径降低至 50 毫米以下，以保证具备良好成型性和燃烧性能。

4. 压制颗粒

物料被强制从压型机(图 3-39)的模型中成块状挤出,压缩成一种截面边长为 30～40 毫米、长度为 10～100 毫米的可以直接燃烧的固体颗粒燃料。

图 3-38　小型粪便烘干机

图 3-39　燃料破碎机、压型机

小应用:生物质颗粒燃料炉

生物质颗粒燃料炉的燃料采用生物质,运行费用极低,比燃煤节省 20%,比电采暖节省 60%,比燃气采暖节省 40%,比液化气采暖节省 50%,既可做饭又可接暖气片、地暖与空调。

操作简单　安全可靠

节能环保　经济高效

技术独特　经久耐用

安装方便　灵活性大

3.4.4 典型案例——玛曲县之派央里牛羊粪加工有限公司

1. 工艺流程

甘肃省玛曲县牧区牛羊粪生物质燃料生产模式以之派央里牛羊粪加工有限公司为主体,以当地牛羊粪为原料,形成从收集到生产生物质燃料,再到自主研发高原专用锅炉集中供暖的工艺流程(图 3-40)。

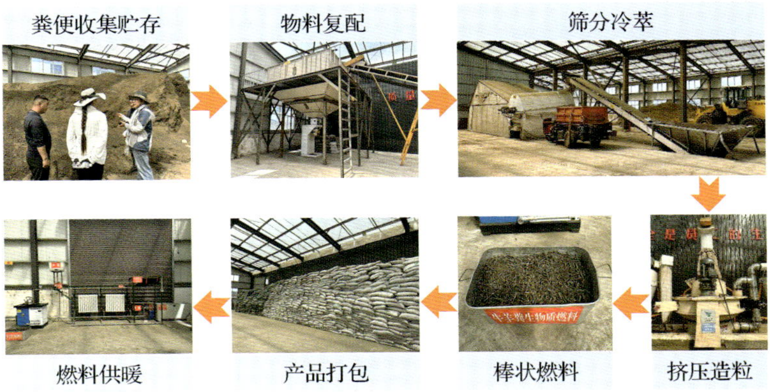

图 3-40 牛羊粪燃料化工艺流程

2. 取得成效

➢ 以“服务民生、共享发展”为宗旨，解决供暖问题，打造具有地方特色的生物质燃料加工产业和牧区建筑分散式供暖服务产业，改善牧区人居环境。

➢ 2018 年至今，处理和利用牛羊粪 8 万余吨，创造固定就业岗位每年 30 个，季节性就业岗位每年 300 余个，辐射影响周边牧户 1 500 户，每年创收 2 000 万元以上。

3.5 基质化技术

3.5.1 基质化定义

基质化栽培技术是利用畜禽粪便为原料，辅以菌渣及农作物秸秆，通过堆肥发酵或其他处理方式，生产用于菌菇种植基质、果蔬栽培基质、水稻育秧基质等（图 3-41）。能够为作物生长提供良好的根际环境（水、气、肥），具有支持、固定植株的功能。

图 3-41 基质

小提示

畜禽粪便粒度较细，容重高，可添加其他孔隙度较大的材料进行复配，如椰糠、秸秆、食用菌菌渣等有机物料或珍珠岩、蛭石等无机物料。对于含水率较低的羊粪，还需要根据实际情况补充一定的水分。

3.5.2 基质转化途径

有机废弃物基质转化途径包括好氧发酵、厌氧发酵和过腹转化（图 3-42）。

图 3-42 有机废弃物基质转化途径

3.5.3 育苗基质

1. 育苗基质制作

蔬菜栽培及育苗基质配方中，按重量畜禽粪便可占比 30%～40%，菌渣、稻壳、炉渣、河沙是常用的辅料，也可加入少量草炭和珍珠岩调节基质性能，实现草炭部分或完全替代。

≫ 若作为水稻或者蔬菜育苗基质，腐熟堆肥与营养土、壮苗剂按一定比例混拌均匀即可。

≫ 常见的羊粪育苗基质配方为羊粪：草炭：珍珠岩 =1：1：1。

2. 育苗基质要求

(1) 外观　各组分混合均匀，手感松软，无霉变和结块。

(2) 理化指标　包括物理性状指标（表 3-14）和化学性状指标（表 3-15）。

表 3-14　蔬菜育苗基质物理性状指标

项目	指标
容重 /（克 / 厘米^3）	0.2～0.6
总孔隙度 /%	＞60
通气孔隙度 /%	＞15
持水孔隙度 /%	＞45
气水比	1：(2～4)
相对含水量 /%	＜35.0
阳离子交换量（以 NH_4^+ 计）/（毫摩尔数 / 千克）	＞15.0
粒径大小 / 毫米	＜20

表 3-15　蔬菜育苗基质化学性状指标

项目	指标
pH	5.5～7.5
电导率 /（毫西门子 / 厘米）	0.1～0.2
有机质 /%	≥35.0
水解性氮 /（毫克 / 千克）	50～500
速效磷 /（毫克 / 千克）	10～100
速效钾 /（毫克 / 千克）	50～600
硝态氮 / 铵态氮	(4～6)：1
交换性钙 /（毫克 / 千克）	50～200
交换性镁 /（毫克 / 千克）	25～100

(3) 出苗率　种子发芽率 95% 以上时，出苗率不小于 90%。

3.5.4 食用菌基质

1. 粪便制作食用菌基质

以畜禽粪便为原料，生产制备食用菌基质时，应根据食用菌种类、生产条件等确定原料发酵工艺。所有类型畜禽粪便类基质生产均应进行一次发酵。对于双孢蘑菇、巴西蘑菇和草菇基质生产宜进行二次发酵，有条件的双孢蘑菇和巴西蘑菇基质生产可进行三次发酵，确保原料发酵全面、均匀、彻底（图 3-43）。

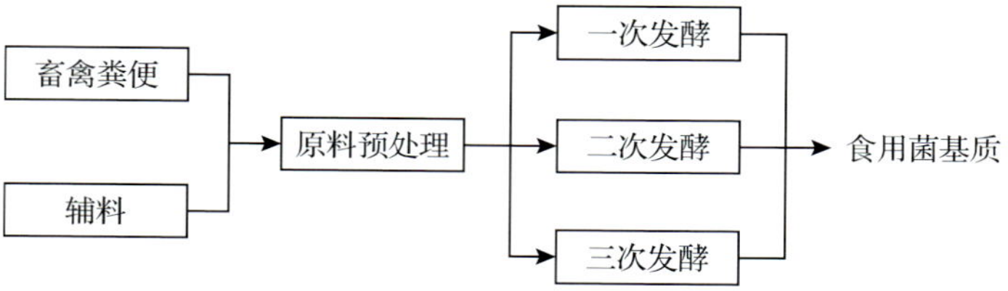

图 3-43　畜禽粪便食用菌基质化利用工艺流程

≫ 作为食用菌栽培基质，需要进一步经过巴氏灭菌、降温、接种培养后，按照《食用菌栽培基质质量安全要求》（NY/T 1935—2010）进行包装备用。

2. 食用菌基质要求

（1）外观和理化指标　一次发酵和二次发酵后的基质应疏松、无黏滑感，颜色宜为咖啡色或棕褐色，无异味，C/N 为 14～18，pH 为 6.5～8.0，含水量为 50%～75%，含氮量为 1.5%～2.4%。

（2）卫生学标准　食用菌基质卫生学标准见表 3-16。

表 3-16　食用菌基质卫生学标准

项目	卫生学要求
蛔虫卵	死亡率≥95%
粪大肠菌群数	$<10^5$ 个/千克
苍蝇	周围不应有活的蛆或新羽化的成蝇

3. 食用菌基质的使用

（1）食用菌栽培　包括以下 3 点。

①食用菌基质使用时适宜温度是 25～28 ℃，湿度 80%～90%，其间需要注意通风换气，控制温度和水分；

②定期巡视，清除枯萎死亡、霉变菌袋，并采取相应的措施，确保菌种能够健康生长；

③可以在温室大棚中进行培养生产食用菌。

(2) 采收管理　包括以下 3 点。

①轻拿轻放，避免基质损坏；

②一般食用菌采收 3 次之后，基质内养分已无法满足菌种的生长需求，应及时清理；

③栽培场地应采取曝晒等措施进行灭菌处理，为下一批菌种的培养提供干净整洁的场地。

4. 菌糠的利用

食用菌菌糠也称菌渣、菇渣，是食用菌子实体采摘完成后剩下的栽培基质，是一种农业固体废物，含有丰富的营养物质，具有很高的循环利用价值，可转化为生物质燃料、动物饲料、有机肥料和化工材料进行循环利用。每生产 1 千克的食用菌会产生 3.3～5.0 千克菌糠。

小提示

一个 1 千克干料的菌包原料成本约为 1.35 元，菌袋套环 0.2 元，装包 0.2 元，灭菌 0.3 元，菌种 0.5 元，合计一个 1 千克干料的菌包总成本约为 2.55 元。提高机械化自动化制作菌包后，生产成本可降低至 2 元左右。一个 1 千克干料的菌包平均产成品菇 0.4 千克，每千克鲜菇按照平均收购价 15 元计算，一个 1 千克干料的菌包产值为 6 元。

3.5.5 基质化应用场景

废弃物基质化应用场景如图 3-44 所示。

黄瓜低成本穴盘育苗无土基质

工厂周年化食用菌栽培基质

菠菜槽式育苗基质

农法草菇栽培基质

图 3-44 基质化应用

3.6 动物蛋白转化技术

3.6.1 定义

动物蛋白转化技术是指通过黑水虻、蚯蚓等食粪性动物对畜禽粪便进行生物处理，增殖转化的黑水虻、蚯蚓等可用作畜禽饲料中的动物蛋白原料，残余物质(虫沙)作为有机肥料进行还田利用的实用技术。

3.6.2 蚯蚓转化技术

1. 技术原理

蚯蚓转化技术原理：利用蚯蚓取食动物粪便的消化能力，将畜禽粪污转化成营养丰富的蚯蚓粪(图 3-45)。

图 3-45　蚯蚓转化过程

粪污处理能力及效益

1 吨粪便可以养殖 60 ~ 70 千克蚯蚓，产出 300 ~ 500 千克蚯蚓粪肥。鲜蚯蚓市场价 10 ~ 16 元 / 千克，蚯蚓粪 600 ~ 1 000 元 / 吨。

2. 应用

1 亩土地的蚯蚓 1 年可消耗有机废弃物约 400 吨，可以养殖 24～28 吨蚯蚓，产出 120～200 吨蚯蚓粪。新鲜蚯蚓蛋白含量在 20% 以上，干品高达 50%～70%，应用于饲料、医药、食品等多个领域。蚯蚓粪营养物质含量丰富，容重小，持水量大，通气性优良，可部分替代肥料，或用作育苗栽培基质。

3. 工艺流程

蚯蚓高值转化畜禽粪污工艺流程如图 3-46 所示。

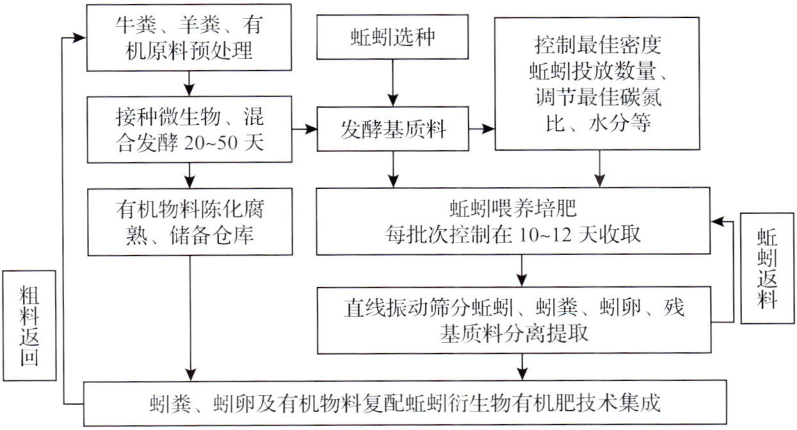

图 3-46　蚯蚓高值转化畜禽粪污工艺流程

(1)选种　体型健壮、年幼、无畸形、无疾病的蚯蚓。

(2)饲料配制　80%为牛羊粪,另外20%为秸秆等其他农业废弃物。物料碳氮比为(25～40):1,pH以6.5～7.5为宜。

(3)建床养殖　蚯蚓养殖适宜的温度为15～25℃,湿度在50%～70%。每隔3～5天,投放厚度在0.10～0.15米的物料。

(4)养殖管理　养殖密度宜控制在2.0～2.5千克/米^{2}或1.0万～1.5万条/米^2。

(5)蚯蚓收获　蚯蚓质量达到400～500毫克/只,密度达1.5万～2.0万条/米^{2}时即可采收。

4. 典型案例——巴马香猪-蚯蚓-南瓜特色农业小循环模式

(1)实施地点　青岛莱西市姜山镇洽疃村青岛汇萃源生态农业发展有限公司,巴马香猪-蚯蚓-南瓜农业小循环模式工艺流程见图3-47。

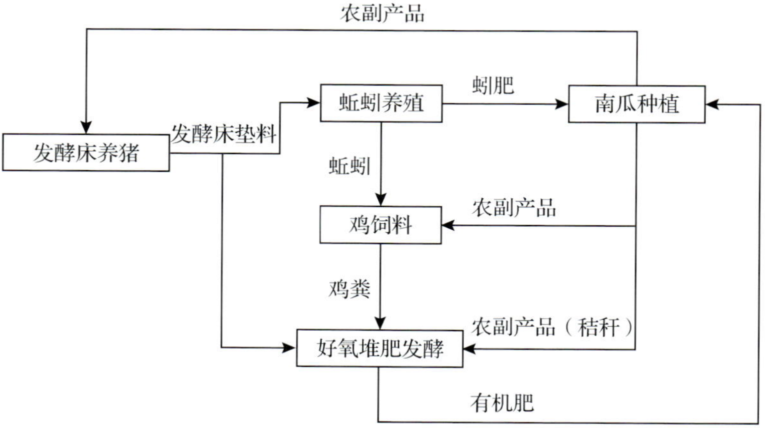

图3-47　巴马香猪-蚯蚓-南瓜特色农业小循环模式工艺流程

(2)投资成本　巴马香猪-蚯蚓-南瓜特色农业小循环模式投资成本见表3-17。

表 3-17　巴马香猪 - 蚯蚓 - 南瓜特色农业小循环模式投资成本

费用名称	费用 / 万元	费用说明
发酵床（改造）	9.0	每个圈舍的改造费用约 3 000 元，共改造圈舍 30 个
垫料	3.0	稻壳或花生壳 50 吨
自走式发酵床翻抛机	0.5	小型柴油拖拉机带旋耕型
蚯蚓养殖大棚	6.0	养殖大棚 2 个，建设费用约 3 万元 / 个
自走条垛式堆肥翻抛机	3.0	专用的自走条垛式堆肥翻抛机 1 台
人工	12.0	完成全部养殖工作，需 2 名专用养殖人员，每人每年费用约 6 万元

（3）综合收益　具体包括以下 3 点。

①无须购建漏缝地板、刮粪板、贮粪池、干粪棚等粪便收集、处理设施设备，节省了相应的购置和建设费用，同时也节省了粪污处理所需的运行和人工费用；

②发酵床垫料用于养殖蚯蚓，经过蚯蚓的转化降解，粪便和辅料的部分有机质被转变为蚯蚓体，部分转化为蚓粪肥；

③通过粪肥和蚓肥还田，有效提高了土壤肥力，至少可减少肥料投入 6 万～8 万元，有显著的社会效益和生态效益。

3.6.3　黑水虻生物转化

黑水虻简介

黑水虻，幼虫被称为“凤凰虫”。具有繁殖迅速、食性广泛、饲养成本低、动物适口性好等特点，能够取食禽畜粪便和厨余垃圾，生产高价值的动物蛋白饲料。黑水虻预蛹中粗蛋白含量高达 45%，每吨羊粪或可产生黑水虻鲜虫 100 千克。

1. 工艺流程

黑水虻高值转化畜禽粪便工艺流程如图 3-48 所示。

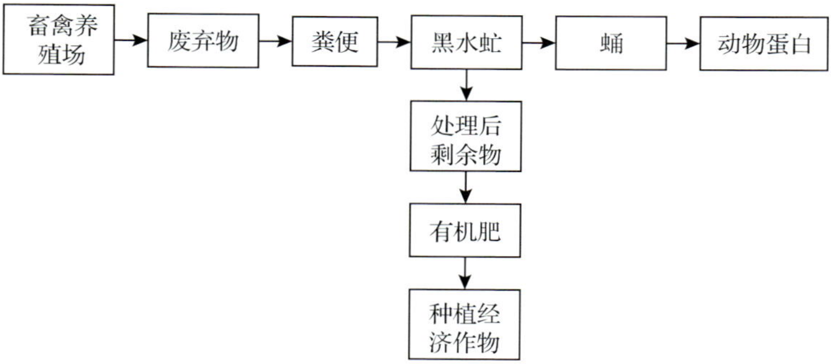

图 3-48 黑水虻高值转化畜禽粪便工艺流程

（1）饲养条件 成虫养殖适宜的温度为 28～32 ℃，湿度为 70%～80%；幼虫孵化温度为 30～32 ℃，湿度为 70%～80%，饲养温度控制在 26～28 ℃。

（2）粪便转化 粪便浆料水分在 70%～80%，投入培养好的 3～5 日龄幼虫，环境温度 15～32 ℃。处理 12～15 天后，可进行虫粪分离。

（3）种虫 分离后按 5%～10% 的比例选留优质个体作为种虫，待 70% 的幼虫变为棕黑色的预蛹后停止饲喂。

（4）蛋白利用 分离后的幼虫可以直接饲喂动物，或者烘干后保存，作为饲料添加剂；虫沙可直接利用，也可以做成有机肥料或生物有机肥。

黑水虻生物转化技术具有技术要求水平低、资源化程度高、经济效益高等优点。但要求较高的水分含量，以猪、鸡养殖应用较多，牛、羊养殖应用较少，但若采取水冲粪清粪方式则较为适宜。

2. 典型案例——云南省楚雄州禄丰市

云南省楚雄州禄丰市某生猪、土鸡养殖场，占地 80 亩，日产新鲜猪粪约 2 吨，污水 5～8 米^3，猪场每天产生的新鲜粪便全部用于黑水虻养殖，成虫作为蛋鸡饲料，残留物质（虫沙）作为生产有机肥原料。

3.7　炭化技术

3.7.1　定义

炭化(热解)是指在无氧、缺氧或惰性气体条件下,受热慢速分解产生固体焦炭的过程,热解产物包括固体的生物质炭、液态油和可燃气。

液态油和可燃气经处理后可以当作能源使用,固体产物生物质炭可以用作土壤肥料、改良剂等,有效实现了废弃物的资源化利用,在各领域已经得到了广泛的应用(图 3-49)。

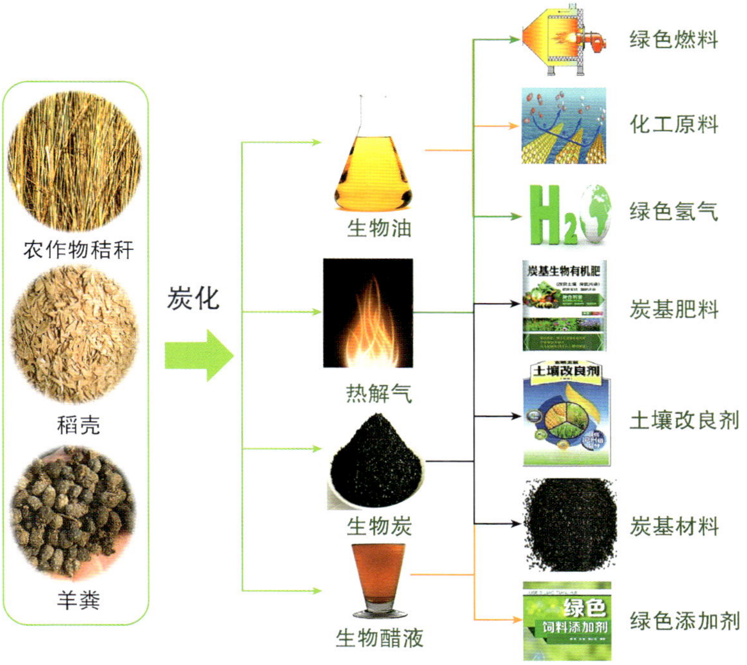

图 3-49　炭化产物及其应用

3.7.2　生物炭

生物炭是炭化过程的主要目标产物,是一种含碳量高、孔隙结构丰富、比表面积大、理化性质稳定、可溶性低、熔沸点高、吸附和抗氧化能力强的炭质材料(图 3-50)。生物炭还田利用具有提高作物产量、减少温室气体排放、提高土壤有机质、保碳、改良土壤以及污染土壤修复等作用。

图 3-50 生物炭

3.7.3 生物炭制备工艺

根据《农业废弃物制备生物炭技术规程》(DB37/T 4546—2022)制备生物炭的主要技术流程如下:原料选择 → 原料预处理 → 选择热裂解条件 → 热裂解 → 生物炭卸出。以下介绍前 3 点。

1. 原料选择

原料中无碎石、土块、塑料、铁丝等杂质,原料自然含水量应小于 30%(湿重)。

2. 原料预处理

生物炭制备前应对原料进行粉碎处理。粉碎后原料颗粒尺寸应小于 100 毫米。

3. 热裂解条件

不同原料热裂解的反应温度、反应时间、升温速率等技术参数选择可参照表 3-18。

表 3-18 不同原料热裂解技术参数条件

原料	主要技术参数		
	反应温度 /℃	反应时间 / 分钟	升温速率 /(℃/ 分钟)
小麦秸秆	300 ～ 500	20 ～ 30	5 ～ 10
玉米秸秆	400 ～ 500	20 ～ 30	5 ～ 10
稻壳	500 ～ 650	20 ～ 40	5 ～ 10
羊粪	300 ～ 700	180	10 ～ 15
猪粪	500 ～ 800	100 ～ 180	10 ～ 15
牛粪	200 ～ 700	30 ～ 180	5 ～ 15

最后的生物炭产物产炭率应在 20%～40%。检测办法可参照《生物炭检测方法通则》(NY/T 3672—2020)执行。

3.7.4 生物炭直接还田方法

生物炭应用于农业时，质量标准应符合《生物炭》(NY/T 4159—2022)。

1. 还田时间

大田作物应结合秋整地或春耕进行生物炭直接还田作业，优先推荐与秋整地结合进行。保护地作业应在上茬收获后及早进行生物炭直接还田作业。

2. 还田方式

将生物炭均匀铺撒于地表，随即旋耕。

3. 还田量

当还田量≤15吨/公顷时，采取一次性还田方式。当还田量>15吨/公顷时，采取逐年还田方式。每年还田量应<15吨/公顷，且每年作业前应测定土壤 pH。当土壤 pH≥7.5 时，停止生物炭直接还田作业。

3.8 粪污全量收集贮存还田技术

畜禽粪污

畜禽养殖过程中产生的粪便、尿液、外漏饮水和冲洗水及少量散落饲料等组成的液态混合物(含粪浆)。

3.8.1 定义

粪污全量收集贮存还田将养殖场产生的畜禽粪污集中收集,全部进入敞开式或覆盖式氧化塘进行贮存。粪污在氧化塘中经过一段时间的贮存发酵后,在施肥季节进行还田利用。

3.8.2 工艺流程

贮存发酵工艺流程如图 3-51 所示。

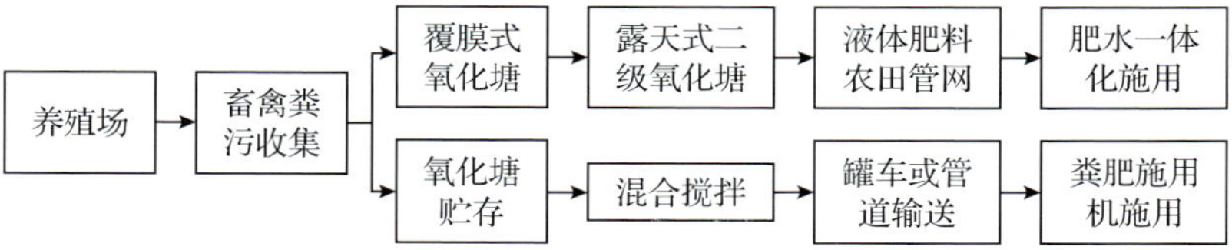

图 3-51 贮存发酵工艺流程

1 适用的养殖模式

①本技术原则上适合当前大部分畜禽产生流体粪污、高含水量粪污的养殖模式。包括水泡粪(尿泡粪、液泡粪)养殖模式、自动刮粪模式、传统冲水模式、干清粪模式(固液分离后废水)等。

②实施前,建议做好雨污分流、饮污分流。

③需要拥有与粪污养分量相配套的农田。

2 粪污全量收集

粪污含固率应小于 15%。

(1) 粪水全量收集　在畜禽舍内，将粪、尿、冲洗水全部集中到舍内或舍外贮粪池。

(2) 干湿分离收集　粪污的固相和液相分别收集到舍内粪道或舍外贮粪池中，或者将全量收集的粪、尿、冲洗水经过固液分离后，对固相和液相分别进行收集。

3 贮存发酵

敞开式好氧发酵由于空气污染指数过高，不建议使用。

(1) 覆盖材料　包括屋顶和多孔覆盖。

①屋顶：采用透明大棚进行遮雨、促进发酵，且南北方四季均可发酵（北方可以采用多层大棚膜），能够减少氨排放达 95%～98%。

②多孔覆盖：可以是至少 10～20 厘米的天然外壳，包括黏土、轻骨料或碎秸秆等，可以减少约 80% 的氨排放。

(2) 贮粪池的数量和容量　需要 2 个贮粪池的原因如下：

①2 个贮粪池交替使用。第一个贮粪池 30 天池满后截断流入粪污，改用流入到第二个贮粪池；

②为实现稳定化，分别做覆膜式氧化塘和露天式二级氧化塘以供使用。

贮粪池的容量如何计算？

每个池能够容纳 20～45 天的粪污容量，粪污消纳速度越快，贮粪池可以越小。如存栏 3 000 头猪场日产生 5 米^{3}粪污（粪尿水），建设 2 个 150 米^{3}的贮粪池即可。

(3) 贮存发酵技术要点　包括以下 3 点。

①粪水去除沙石、畜禽毛发等不易降解物质后进入敞口、密闭或半密闭贮存设施发酵。密闭贮存发酵产生的气体应进行收

集处理。

②如果粪污为泥状，需要补充水分或动物的尿液，或者粪污池中间安装一个搅动粪污的电动装置，才能更快地全面发酵起来。

③粪水贮存期应以粪水贮存发酵后安全指标(蛔虫卵死亡率、粪大肠菌群数、重金属含量等)达标所需时间来确定。按照《畜禽粪水还田技术规程》(NY/T 4046—2021)，粪水无害化指标如表 3-19 所示。

表 3-19 粪水无害化指标要求

项目	限量值	项目	限量值
蛔虫卵死亡率 /%	≥95	总汞 /(毫克 / 千克)	≤2
粪大肠菌群数 /(个 / 升)	$\leq 10^7$	总砷 /(毫克 / 千克)	≤15
pH	5.5～8.5	总铅 /(毫克 / 千克)	≤50
氯化物 /(毫克 / 升)	≤350	总铬 /(毫克 / 千克)	≤150
总镉 /(毫克 / 千克)	≤3		

(4)贮存时间　具体原则如下：

①敞口构筑物中贮存发酵的累计时间应不少于 6 个月；常温密闭贮存发酵的时间应不少于 2 个月。加入化学药剂或微生物菌剂的以及环境日平均气温高于 20 ℃的地区，可适当缩短贮存时间。

②如果粪污中含有重度的消毒剂等，可能会影响发酵效果和速度，可以加大化学药剂或微生物菌剂使用量和延长发酵时间。

(5)缩短贮存时间的方法——使用微生物菌剂。

①连续发酵：在贮粪池前粪污入口用一个塑料桶并安装一个水龙头，将激活的菌种兑水 30 倍后长期滴入，池满后截断粪污流入，让其自然发酵 7 天左右即可使用，不需要人工翻拌等。

②集中发酵：当一个池粪污满后，将激活的菌液泼洒到粪污上即可，不需要搅拌。

④ 有机肥的使用

发现贮粪池的粪污变成微微红色且臭味明显减少即可作为有机肥使用，此时的有机肥不仅营养丰富，而且含有丰富的对作物有益的益生菌，畜禽粪便大部分都被溶解，抽取后可以直接浇灌（可以不用兑水），也可以根据不同作物兑水后施用。

如果需要滴灌，过滤后使用，也可以过滤后制备成叶面肥喷施作物。

3.8.3 技术优势及不足

1. 技术优势

该技术操作简单，粪污收集、处理、贮存设施建设成本低，处理利用费用也较低（处理 1 米^3 粪污成本 1 元左右）；粪便和污水全量收集，养分利用率高，能够将养殖场的环保与粪污资源化问题一次性解决。

2. 技术不足

粪污贮存周期长，占地面积大，需要配套专业化的施肥机械、农田施用管网、搅拌设备等辅助设施；不宜远距离运输。

3.8.4 典型案例——草畜一体化粪污循环利用技术模式

① 地点

新疆天润沙湾奶牛场。

② 养殖规模

100 头奶牛年产粪污 1 400 吨。

③ 技术要点

经固液分离，液相经氧化塘“厌氧 - 好氧”熟化，固相经条垛式好氧堆肥发酵，所产有机肥全量施用到养殖场配套的饲草料基地。其工艺流程与技术路线见图 3-52。

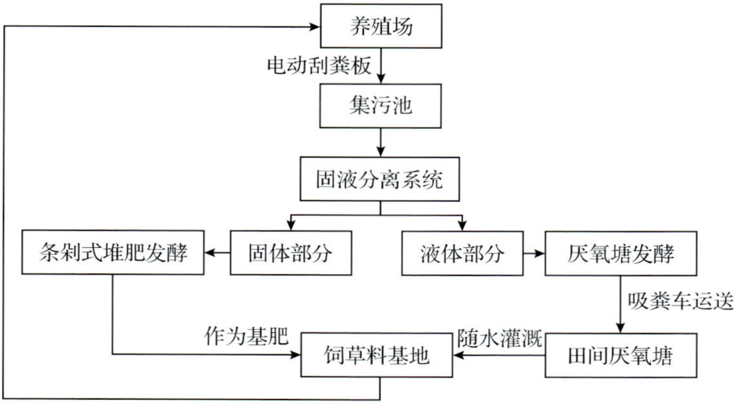

图 3-52 草畜一体化粪污循环利用技术工艺流程与技术路线

④ 效益分析

通过持续两年的粪肥还田，全株玉米青贮的干物质和淀粉含量均达到 30% 以上，产量提升 15.5%。为饲草料基地承包户增加收益 280 元 / 亩，玉米青贮基地种植面积 170 亩，每年增加收益 4.76 万元。

3.9 沼液稳定化处理技术

3.9.1 定义

厌氧发酵产生的沼液中有机质含量高，须进行稳定化处理才能够还田利用。沼液稳定化发酵技术是将沼液中的有机质转化为稳定态营养物质，抑制细菌活性并削减毒性物质和病原菌等工艺过程。

3.9.2 沼液稳定化工艺

贮存发酵技术包括敞口式和覆盖式（表 3-20），粪水在贮粪池 / 塘中进行好氧或厌氧发酵。

表 3-20 沼液稳定化技术分类及特点

项目	敞口式	覆盖式
覆盖材料	露天贮存或覆盖骨料、秸秆、锯末、黏土、泥炭等	混凝土、钢盖板或塑料薄膜
发酵时间	>6 个月	常温条件>2 个月
优缺点	优点：操作简单，建设运行成本低（覆盖秸秆等材料能够一定程度上减少气体排放） 缺点：养分损失量大，雨水稀释，污染气体排放（覆盖材料增加沼液杂质含量，清淤困难）	优点：减少养分损失和雨水稀释，气体减排率高（98%） 缺点：运行成本较高，膜材料易破损
注意事项	沼液覆盖的秸秆等生物质材料粒径应为 2～20 厘米，形成的覆盖厚度>2 厘米 封闭式覆盖膜材料多为聚乙烯膜（HDPE 膜），应用时应注意防风、防雨、防冻、防雪和防紫外线 加入化学药剂或微生物菌剂，以及环境日平均气温高于 20 ℃的地区，可适当缩短贮存时间 根据不同地区的种植和养殖特点，可采取曝气、多级连续发酵和催化氧化法等技术进行快速稳定化，以缩短发酵周期	

1. 沼液贮存设施要求

①贮存设施位置要远离各类功能地表水体，距离不得小于400米。

②贮粪池结构应具有防渗漏功能，不得污染地下水。

③易侵蚀的部位应采取相应的防腐蚀措施。

④贮粪池要配置排污泵。

⑤要制定沼液泄漏情况下的应急预案。

常见的沼液贮存方式有敞口贮存、秸秆覆盖和封闭贮存(图 3-53)。

图 3-53 沼液贮存工艺

2. 沼液稳定化处理要求

沼液稳定化处理应以生产需要为基础,根据沼液用途、土壤肥力、作物类型、产量等养分需求以及污染物限值,达标后进行合理利用或排放。

3.9.3 沼液还田利用

沼液稳定化处理后应满足《沼肥》(NY/T 2596—2022)、《农用沼液》(GB/T 40750—2021)和《沼肥施用技术规范》(NY/T 2065—2011)标准中的质量要求(表 3-21)。

表 3-21 农田沼液的质量要求

项目	技术指标
pH	5.5～8.5
水不溶物 /(克 / 升)	≤50
总养分含量 /%	≥0.2
粪大肠菌群数 / [个 / 克(毫升)]	≤100
蛔虫卵死亡率 /%	≥95
臭气排放浓度	≤70

续表 3-21

项目	技术指标
重金属 /（毫克 / 升）	总砷≤10；总镉≤3.0；总铅≤50；总铬≤50；总汞≤5.0
总盐浓度（以 EC 计，毫西门子 / 厘米）	≤3.0

当土地充足时，稳定化的沼液可用于农业生产，如用于农田灌溉或无土栽培、作为基肥和追肥用于农田施肥，还可用于农作物种子浸种、抑制农作物病虫害等还田利用。

（1）农田灌溉　沼液在水田淹水作物和旱地、水浇地作物种植时可作为灌溉水使用，稳定化处理后的沼液应满足《农田灌溉水质标准》（GB 5084—2021）。

（2）农田施肥及其他用途　沼液用作基肥和追肥、无土栽培、农作物种子浸种、抑制农作物病虫害等用途时，可根据沼液养分含量、用途等参考《沼肥施用技术规范》（NY/T 2065—2011）标准应用。

①沼液稳定化发酵后养分含量≥0.2%，宜作追肥和叶面追肥。

根据沼液养分含量可确定化肥用量，从沼气池取用沼液量不应超过 250～300 千克。

沼液叶面施用量要根据作物品种、生长时期、生长势和环境条件确定，高温、幼苗或嫩芽期作物可进行稀释后施用。不同作物类型沼液施用量如表 3-22 所示。

表 3-22　不同作物类型沼液施用量

施肥方式	施用量	施用方法
粮油作物	45 000～100 000 千克 / 公顷	作物孕穗和抽穗间开沟施用，覆盖 10 厘米土层
果树	—	根据实际情况确定施用量
蔬菜	番茄、黄瓜：30 000 千克 / 公顷	定植 7～10 天后每隔 7～10 天施用一次，连续 2～3 次

②沼液可根据作物类型和病虫害特征预处理后进行叶面喷施，以抑制病虫害的发生，施用量如表 3-23 所示。

表 3-23　沼液病虫害防治施用量

类型	施用量	技术要点
农作物病虫害防治（普遍）	525 千克 / 公顷	沼液 1∶3 稀释后叶面喷施，每 7～10 天喷施 1 次，连续喷施 3 次
农作物蚜虫防治		沼液 14 千克与洗衣粉溶液（10%）0.5 千克配置后每天喷施 1 次，连续 2 次
玉米螟幼虫防治		沼液 50 千克与 2.5% 敌杀死乳油 10 毫升配置后每天喷施 1 次，连续 2 次
红蜘蛛防治		沼液经纱布过滤后，放置 2 小时，全天喷施叶片背面，可适当加入尿素、磷钾肥等改善长势弱的作物

3.10　沼液高值化技术

3.10.1　浓缩沼液高值肥料化利用

1. 膜处理技术

膜处理技术是一种利用膜的透过性能，在推动力的作用下对水中的微粒、分子或离子进行过滤、分离、浓缩的技术，具有分离过程无相变、操作简便、选择性高等特点。

不同膜处理技术性能对比见表 3-24。膜处理工艺特点如图 3-54 所示。

表 3-24　不同膜处理技术性能对比

膜技术	膜参数	优缺点
超滤	• 涂层为聚醚砜 • 膜孔径为 100 千道尔顿 • 浓缩 5～25 倍	• 优点：可截留大分子有机物 • 缺点：浓缩液中易产生浓差极化，造成膜污染，对小分子物质截留效果差

续表 3-24

膜技术	膜参数	优缺点
纳滤	• 商业聚酰胺有机膜 • 膜孔径为 500 道尔顿 • 浓缩 1～24 倍	• 优点：可截留分子量低的无机盐 • 缺点：运行所需压力较高，膜污染严重
反渗透	• 商业聚酰胺有机膜 • 脱盐率为 96% • 浓缩 2～10 倍	• 优点：出水水质较高，可回用或直接还田 • 缺点：运行压力大，能耗高，膜污染严重
超滤 + 纳滤	• 浓缩 4～23 倍	• 优点：养分回收率高，出水水质稳定 • 缺点：成本较高
超滤 + 反渗透	• 浓缩约 4 倍	• 优点：养分回收率高，脱盐率高 • 缺点：膜污染严重，成本较高

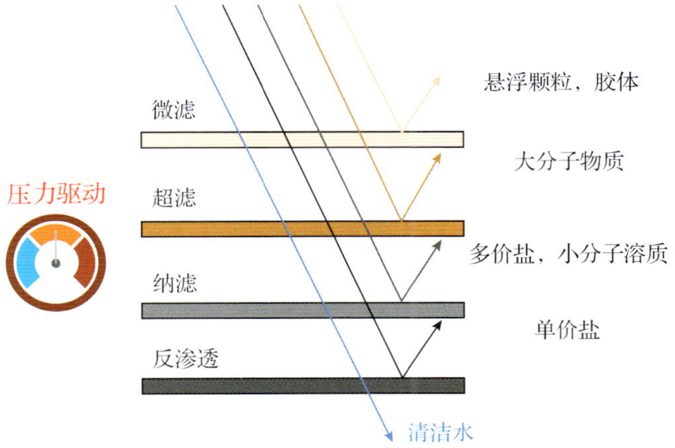

图 3-54　膜处理工艺特点

2. 沼液膜浓缩技术

沼液膜浓缩（图 3-55）是利用膜的选择透过性，对分子量不同的组分实现定向分离，从而达到沼液浓缩的目的。沼液经膜浓缩后可以有效减少体积，以及贮存、运输成本，大幅度提高养分含量，提升沼液的肥料价值；透过液则可以达到回用要求。

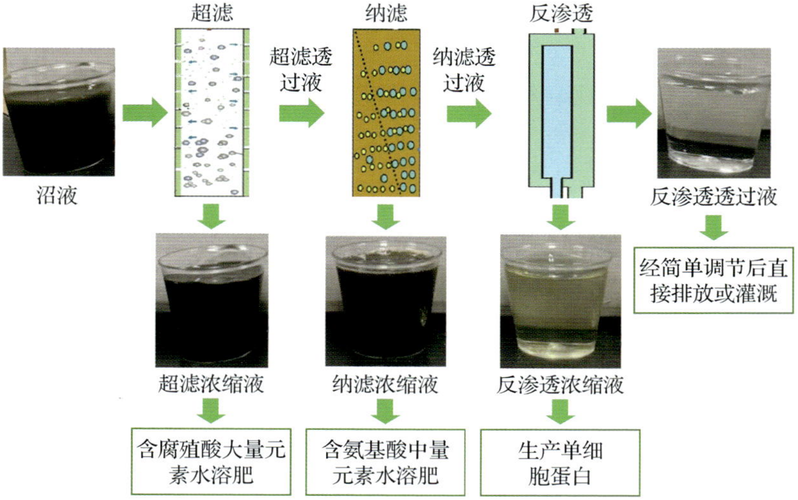

图 3-55 沼液膜浓缩及其应用

3. 沼液生物基滤料过滤 - 膜浓缩耦合工艺

沼液生物基滤料过滤 - 膜浓缩耦合工艺将秸秆等生物基材料作为处理过程中的过滤材料，用以截留沼液中所含的高浓度悬浮物，降低膜污染，将液相中养分和风险污染物转移到固相后，再将沼液进行浓缩，以实现沼液养分全组分高值利用。其工艺参数及特点如表 3-25 所示，工艺流程如图 3-56 所示。

表 3-25 沼液生物基滤料过滤 - 膜浓缩耦合工艺参数及特点

工艺模块	主要工艺参数	特点（主要指标变化）
脱稳	沼液 pH：7.5；脱稳药剂：$FeCl_3 \cdot 6H_2O$；药剂投加量：0.005 摩尔 / 升	过膜通量提升 600 倍
三级过滤	秸秆：上粗下细自然装填；火山岩：当量直径 1.14 毫米；石英砂：当量直径 0.45 毫米；装填高度：均为 85 毫米	悬浮物（SS）去除率 > 98%
滤料堆肥	通风条件：自然通风；含水率：75.5%；C/N：16.81	GI=126%；C/N=13.62；达到腐熟标准

续表 3-25

工艺模块	主要工艺参数	特点（主要指标变化）
超滤	料液 pH：7.5；料液温度：20 ℃；膜材质：聚偏二氟乙烯，截留分子量：50 000；操作压力：0.05 兆帕	氨基酸浓度提升 1.42 倍
纳滤	料液 pH：7.5；料液温度：20 ℃；膜材质：芳香族聚酰胺；操作压力：1.0 兆帕	氨基酸浓度提升 6.2 倍；总氮（TN）提升 2.5 倍；总钾（TK）提升 2.5 倍

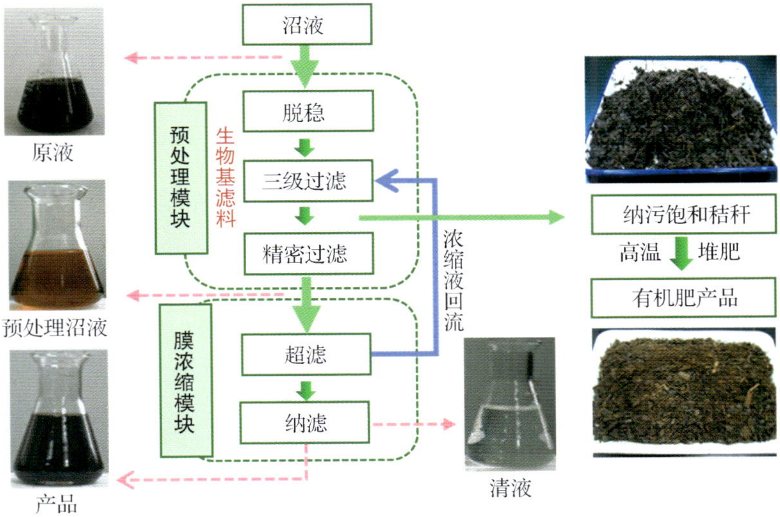

图 3-56 沼液生物基滤料过滤 - 膜浓缩耦合工艺流程

按照规模为 200 吨 / 天的沼液处理厂设计，可以产生 172 吨透过液，浓缩液面肥 28 吨，堆肥产品（30% 含水率）2.91 吨。总投资按 175 万元，运行费用按 2 965.22 元 / 天计算，浓缩叶面肥产品日收益 16 800 元 / 天，透过液日收益 344 元 / 天，堆肥产品日收益 580 元 / 天；每天净收益预计 3 254 元，约 2 年收回成本。

4. 沼液浓缩液体肥料

沼液浓缩液体肥料是指对沼液进行分离加工和浓缩后可用于叶

面施用和土壤施用的水溶性肥料，应符合《农用沼液》（GB/T 40750—2021）标准。其质量要求如表 3-26 所示。

表 3-26　沼液浓缩液体肥料质量要求

项目类别	范围	项目类别	范围
酸碱度（pH）	5.5～8.5	腐殖酸 /（克 / 升）	≥3.0
水不溶物 /（克 / 升）	≤50.0	总砷（以 As 计）/（毫克 / 升）	≤10.0
蛔虫卵死亡率 /%	≥50.0	总铬（以六价 Cr 计）/（毫克 / 升）	≤50.0
臭气排放浓度（无量纲）	≤70.0	总镉（以 Cd 计）/（毫克 / 升）	≤3.0
总养分（$N+P_2O_5+K_2O$）/（克 / 升）	≥8.0	总铅（以 Pb 计）/（毫克 / 升）	≤50.0
有机质 /（克 / 升）	≥18.0	总汞（以 Hg 计）/（毫克 / 升）	≤5.0
粪大肠菌	中温、常温厌氧发酵：≥10^{-4}；高温厌氧发酵：≥10^{-2}		

注：浓缩沼液肥料的 pH，可根据产品说明书进行稀释后测定。
浓缩沼液肥料可添加氮、磷、钾等肥效元素。

5. 沼液高值肥料化应用案例

山东某养殖场年处理鸡粪 45 万吨，生产沼液 16 万吨，采用多级膜浓缩技术，日处理沼液 300 吨。针对沼液浓缩液开发抗逆、促生、土壤改良三类有机液体肥料，分别于山东寿光、山东莱阳试验点进行田间试验，番茄株高增长 14.2%，产量提高 7%，应用效果如图 3-57 所示。

图 3-57　沼液高值肥料应用效果

3.10.2 沼液高值饲料化利用

1. 沼液生产单细胞蛋白

单细胞蛋白(SCP)技术是利用具有高蛋白含量性质的酵母、细菌、真菌和低等藻类等微生物利用营养物质,在适宜条件下生长繁殖,生产出可被用作动物高营养饲料的微生物菌体蛋白。在沼液中生产单细胞蛋白不仅可以实现沼液资源的回收利用,还可以可缓解全球蛋白质饲料短缺的压力。利用不同类型沼液生产 SCP 的情况和特点如表 3-27 和表 3-28 所示。

表 3-27 利用不同类型沼液生产 SCP 的情况

沼液类型	微生物	蛋白含量占比 / %	细胞干重 / (克 / 升)
餐厨沼液	小球藻和甲烷氧化菌	32.3	0.09
鸡粪沼液	蜂蜜酵母	35.9	12.56
鸡粪沼液	产朊假丝酵母	46.5	14.80
	反硝酸副球菌 Y5	73.7	2.00
未知沼液	光合细菌	90.0	0.55

表 3-28 利用不同类型沼液生产 SCP 的特点

培养条件	特点
未处理沼液	成分复杂,悬浮物、胶体等杂质多造成 SCP 品质差,不易提取;菌群竞争导致目标微生物养分利用效率低
沼液高温灭菌	避免沼液“土著微生物”对目标微生物的竞争,但存在能耗高、养分损失大等问题
沼液三级膜浓缩后的反渗透浓缩液	具有产物纯净,富含氮、磷等无机元素,无须灭菌等优势,可进一步增强沼液高值化利用潜力

2. 反渗透浓缩液生产单细胞蛋白工艺

反渗透浓缩液生产单细胞蛋白工艺流程：沼液经离心或过滤除杂处理后，依次经超滤、纳滤、反渗透三级膜浓缩，将反渗透得到的反渗透浓缩液中接种微生物，将氨态氮和有机质转化为微生物蛋白，进行单细胞蛋白的生产（图 3-58）。

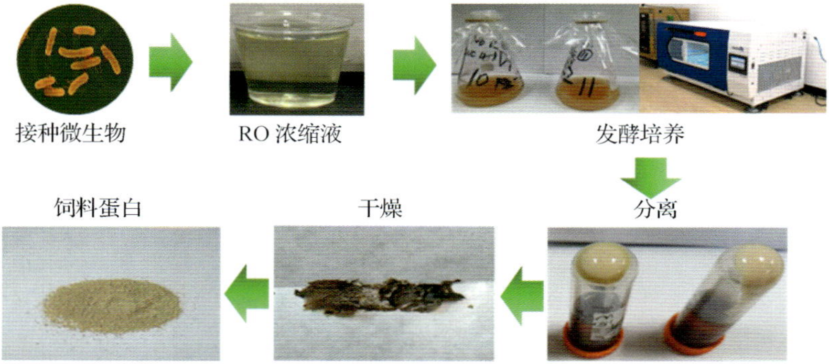

图 3-58　反渗透浓缩液生产单细胞蛋白工艺流程

具体步骤：

①将菌株活化制备成种子悬浮液，培养绘制生长曲线；

②将种子悬浮液培养至对数期接种于沼液反渗透浓缩液中，30 ℃，180 转/分钟培养 5 天；

③收获菌株，进行细胞干重和蛋白质含量的测定。

该工艺在不需要进行高温灭菌的条件下，在短期内生产大量单细胞蛋白，且蛋白质含量可达 20%～47%（菌体干重），实现了沼液养分最大限度分级回收利用，有效解决了沼液养分利用不充分的问题，为沼液处理和资源化利用开辟了新途径。

第 4 章
废弃羊皮羊毛资源化处理技术

4.1 羊皮羊毛肥料化技术

4.1.1 羊皮羊毛成分组成

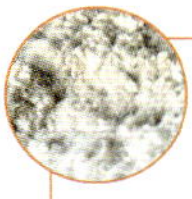

羊毛是一种由 18 种氨基酸组成的天然蛋白质纤维，含碳约 50%，含氧 21%～24%，含氮 15%～21%，含硫 3%～4%。

羊皮主要由胶原纤维所组成，含有蛋白质、脂肪和水分，其中蛋白质是羊皮中干物质的主要成分。

4.1.2 羊皮羊毛肥料化产品

1. 缓释肥料

废弃羊皮羊毛量少适合制备缓释肥料，直接掩埋于土壤耕作层底部，使其养分缓慢释放。

2. 固体肥料

废弃羊皮羊毛量大适合制备固体肥料，由废弃羊皮羊毛与畜禽粪便一起进行高温好氧堆肥来制得。

3. 氨基酸液体肥料

废弃羊皮羊毛量大适合制备氨基酸液体肥料，制备过程所需技术难度和投资相对较大，该类产品一般商用。

4.1.3 羊皮羊毛肥料化产品制备方法

1 采用就地混合掩埋的方法

将羊皮羊毛剪碎，与其他有机废弃物一起混合，如剪碎的树叶和草，将混合物掩埋在土壤耕作层底部，羊皮羊毛中的养分会在几个月内溶出，起到肥料缓释的作用（图 4-1）。

缓释肥料

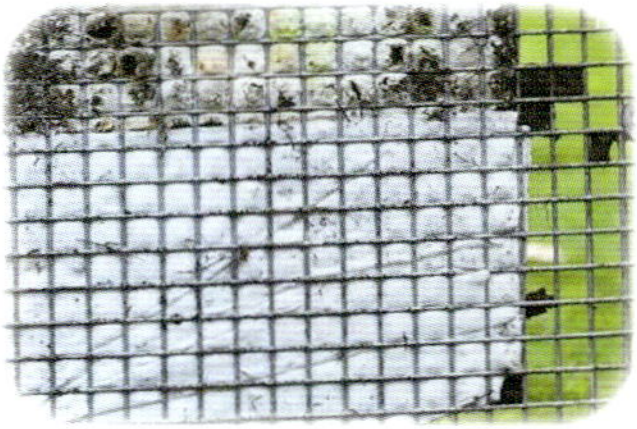

图 4-1 羊毛掩埋

固体肥料

图 4-2 羊粪羊毛堆肥

2 采用粪便混合堆肥的方法

将羊皮羊毛剪碎后与粪便进行混合堆肥，借助堆肥中持续高温、高湿、高微生物活性的环境对羊皮羊毛中大分子物质进行破坏，降解生成小分子物质后，得到固体肥料（图 4-2）。

3 采用皮毛酶解的方法

使用特定微生物产生的角蛋白酶提取物进行皮毛酶解，以酶解氨基酸、多肽为原料，制备动物源氨基酸液体肥料（图 4-3）。

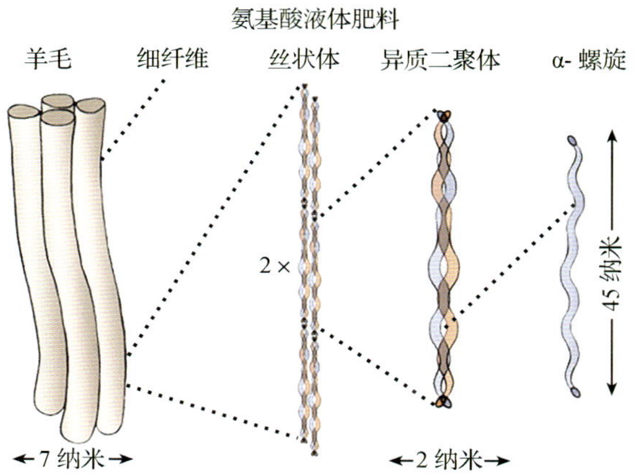

图 4-3 羊毛酶解过程

4.1.4 废弃羊毛氨基酸肥料

1. 概念

废弃羊毛氨基酸肥料是指将废弃羊毛水解成富含氨基酸、多肽和微量元素的水解产物，主要的水解方法有碱性水解、酶水解和过热水技术。

2. 工艺流程

废弃羊毛制备氨基酸肥料工艺流程如图 4-4 所示。

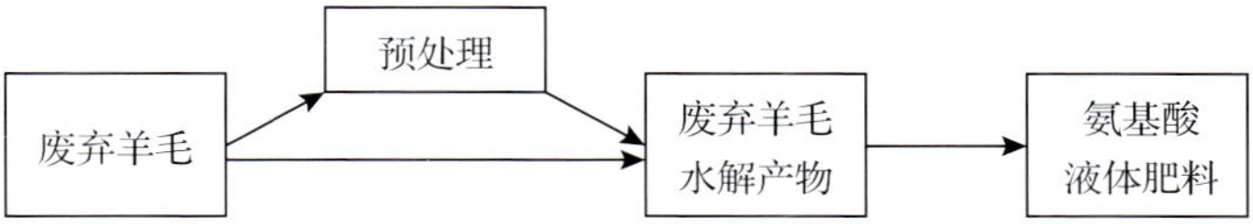

图 4-4 废弃羊毛制备氨基酸肥料工艺流程

3. 功能特点

废弃羊毛水解产物一般具有亲水性，易吸收、易矿化，无植物毒性和生物刺激作用，但不同方法获得的羊毛水解产物存在差异。例如，碱性水解得到的水解产物分子量较大，可以抗菌；酶水解得到的水解产物分子量较小，氧化硫含量较高。

4. 应用案例

废弃羊毛肥料化利用案例

土耳其安丽达有限公司主要采用酶解法制备氨基酸肥料。废弃羊毛先经过亚硫酸盐溶解，然后利用角蛋白酶水解。角蛋白水解得到的多肽能够抑制微生物的生长，包括植物病原体，其中必需氨基酸和寡肽可以直接被植物吸收。主要产品有动物源氨基酸有机 - 无机复合肥料和氨基酸水溶肥等（图 4-5）。

图 4-5　利用酶解法生产氨基酸水溶肥

4.2　羊皮羊毛饲料化技术

废弃羊皮羊毛经预处理、蛋白提取、纯化和鉴定等步骤后，补充相应的营养成分，制成高蛋白饲料（图 4-6）。

羊皮羊毛含有丰富的蛋白质，鲜羊皮中的蛋白质含量约为 27.5%，其中主要为胶原蛋白；羊毛中蛋白质含量为 95%～98%，其中 80%～85% 为角蛋白（表 4-1）。

图 4-6　羊皮羊毛饲料化

表 4-1　羊皮胶原蛋白和羊毛角蛋白氨基酸组成　%

氨基酸种类	含量	
	羊皮胶原蛋白	羊毛角蛋白
苏氨酸	1.93	5.00
丝氨酸	2.44	2.90
谷氨酸	12.04	12.30
天冬氨酸	8.08	5.94
脯氨酸	11.58	3.40
甘氨酸	21.96	3.10
丙氨酸	9.29	3.29
胱氨酸	—	10.84
缬氨酸	3.02	2.80
蛋氨酸	0.32	0.49
异亮氨酸	1.66	3.35
亮氨酸	3.49	7.43
酪氨酸	0.32	2.24
苯丙氨酸	2.12	3.26
赖氨酸	4.05	2.80
组氨酸	0.82	0.62
精氨酸	7.09	7.90
半胱氨酸	—	1.44
色氨酸	—	0.64
羟脯氨酸	9.79	—

4.2.1　羊皮羊毛饲料制作过程

1. 羊皮胶原蛋白提取方法

- 物理方法：热水提取法等。
- 化学方法：酸提取、碱提取等。

· 生物方法：酶解法等。

· 复合法：酸酶提取、超声辅助、微波辅助等。

羊皮结构见图 4-7。

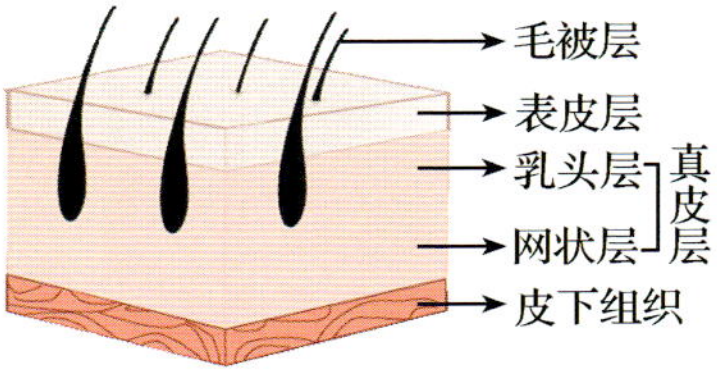

图 4-7 羊皮结构

2. 羊毛角蛋白提取方法

· 物理方法：研磨、膨化法、热技术等。

· 化学方法：酸、碱水解法，氧化法和还原法等。

· 生物方法：微生物法、酶促法。

羊毛结构见图 4-8。

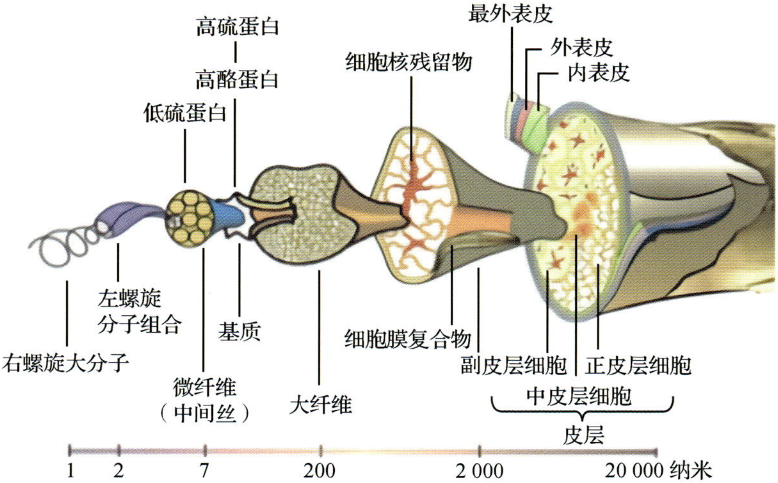

图 4-8 羊毛结构

羊皮羊毛饲料化工艺流程见图 4-9。

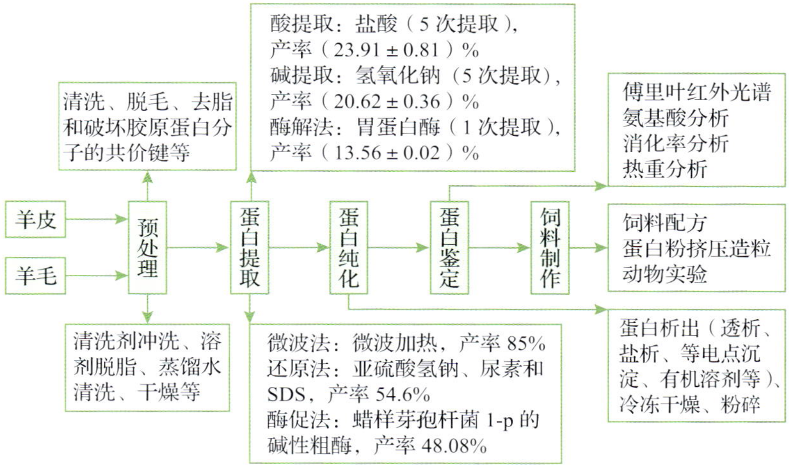

图 4-9　羊皮羊毛饲料化工艺流程

4.2.2　羊皮羊毛饲料化典型案例

1. 粗羊毛饲料化技术

内蒙古喜羚牧业科技有限公司收集废弃羊毛后，通过锅炉外源加热将羊毛进行膨化，膨化后的羊毛直接粉碎成羊毛粉，混合在饲料中，制成混合饲料（图 4-10）。该技术具有操作简单、绿色环保等优点，但羊毛膨化程度不彻底，工艺仍需要改进。该企业采用 3% 含量羊毛蛋白粉配方替代传统饲料，产蛋率、蛋重、采食量、适口性均无显著变化。

图 4-10　羊毛饲料生产

图 4-11　羊皮胶原蛋白肽生产

2. 羊皮胶原蛋白肽提取技术

内蒙古中科生物科技股份公司主要采用酶解法明胶生产工艺提取羊皮胶原蛋白，纯化后制作成胶原蛋白肽（图 4-11）。成品经测试，符合胶原蛋白肽国家标准，该胶原蛋白产品的分子量小于 3 000 道尔顿（人体最易吸收的胶原蛋白肽分子量为 1 000～3 000 道尔顿）。

第 5 章
病死羊无害化处理技术

5.1 政策文件与法律法规

5.1.1 政策文件

- 2013 年 10 月 15 日，农业部发布关于印发《病死动物无害化处理技术规范》的通知（农医发〔2013〕34 号）。
- 2014 年 10 月 20 日，国务院办公厅印发《关于建立病死畜禽无害化处理机制的意见》（国办发〔2014〕47 号）。
- 2017 年 7 月 3 日，农业部发布关于印发《病死及病害动物无害化处理技术规范》的通知（农医发〔2017〕25 号）。
- 2022 年 6 月 23 日，农业农村部发布关于印发《三类动物疫病防治规范》的通知（农牧发〔2022〕19 号）。

5.1.2 法律法规

1.《中华人民共和国动物防疫法》

《中华人民共和国动物防疫法》自 1997 年 7 月发布，2021 年 1 月二次修订。第五十七条要求从事动物饲养、屠宰、经营、隔离以及动物产品生产、经营、加工、贮藏等活动的单位和个人，应当按照国家有关规定做好病死动物、病害动物产品的无害化处理，或者委托动物和动物产品无害化处理场所处理。任何单位和个人不得买卖、加工、随意弃置病死动物和病害动物产品。

2.《畜禽规模养殖污染防治条例》

《畜禽规模养殖污染防治条例》自2014年1月1日起施行。第二十一条要求染疫畜禽以及染疫畜禽排泄物、染疫畜禽产品、病死或者死因不明的畜禽尸体等病害畜禽养殖废弃物，应当按照有关法律、法规和国务院农牧主管部门的规定，进行深埋、化制、焚烧等无害化处理，不得随意处置。

3.《中华人民共和国环境保护法》

《中华人民共和国环境保护法》2014年4月24日修订，自2015年1月1日起施行。第四十九条要求从事畜禽养殖和屠宰的单位和个人应当采取措施，对畜禽粪便、尸体和污水等废弃物进行科学处置，防止污染环境。

4.《中华人民共和国畜牧法》

《中华人民共和国畜牧法》2022年10月30日修订，自2023年3月1日施行。第四十三条要求从事畜禽养殖，不得有下列行为：（四）随意弃置和处理病死畜禽。

5.《病死畜禽和病害畜禽产品无害化处理管理办法》

《病死畜禽和病害畜禽产品无害化处理管理办法》（中华人民共和国农业农村部令2022年第3号）自2022年7月1日起施行。

本管理办法包含6章（总则、收集、无害化处理、监督管理、法律责任和附则）39条内容。

（1）适用范围 适用于畜禽饲养、屠宰、经营、隔离、运输等过程中病死畜禽和病害畜禽产品的收集、无害化处理及其监督管理活动。

（2）工作原则 坚持统筹规划与属地负责相结合，政府监管与市场运作相结合，财政补助与保险联动相结合，集中处理与自行处理相结合。

（3）责任机制 从事畜禽饲养、屠宰、经营、隔离等活动的单位和个人，应当承担主体责任，按照本办法对病死畜禽和病害畜禽产品进行无害化处理，或者委托病死畜禽无害化处理场处理。运输过程中发生畜禽死亡或者因检疫不合格需要进行无害化处理的，承运人应当立即通知货主，配合做好无害化处理，不得擅自弃置和处理。

（4）技术规范要求 病死畜禽和病害畜禽产品收集、无害化处理、资源化利用应当符合农业农村部相关技术规范，并采取必要的防疫措施，防止传播动物疫病。

（5）保障政策 县级以上人民政府农业农村主管部门应当落实病死畜禽无害化处理财政补助政策和农机购置与应用补贴政策，协调有关部门优先保障病死畜禽无害化处理场用地、落实税收优惠政策，推动建立病死畜禽无害化处理和保险联动机制，将病死畜禽无害化处理作为保险理赔的前提条件。

5.2 处理过程要求

5.2.1 选址要求

动物及动物产品无害化处理场所应当距离动物养殖场、养殖小区、种畜禽场、动物屠宰加工场所、动物隔离场所、动物诊疗场所、动物和动物产品集贸市场、生活饮用水源地 3 000 米以上；距离城镇居民区、文化教育科研等人口集中区域及公路、铁路等主要交通干线 500 米以上。

5.2.2 收集和暂存要求

①有独立封闭的贮存区域，并且防渗、防漏、防鼠、防盗，易于清洗消毒；

②有冷藏冷冻、清洗消毒等设施设备；

③收集包装后应进行严格密封，暂存场所应设置明显警示标识、围栏等防护措施；

④收集包装容积和暂存空间须与处理的病死羊体积、数量相匹配。收集和暂存过程应注意防臭和消毒，应用1 000～2 000毫克/升有效氯消毒剂或其他有效的消毒剂溶液喷洒，作用30～60分钟；

⑤有符合动物防疫需要的其他设施设备。

5.2.3 运输要求

①专业从事病死畜禽和病害畜禽产品收集的单位和个人，应当配备专用运输车辆，并向承运人所在地县级人民政府农业农村主管部门备案；

②不得运输病死畜禽和病害畜禽产品以外的其他物品；

③车厢密闭、防水、防渗、耐腐蚀，易于清洗和消毒；

④配备能够接入国家监管监控平台的车辆定位跟踪系统、车载终端；

⑤配备人员防护、清洗消毒等应急防疫用品，车辆使用前后必须严格消毒；

⑥有符合动物防疫需要的其他设施设备；

⑦转运车辆应尽量避免进入人口密集区。

5.3　病死羊无害化处理技术

病死羊无害化处理技术主要包括生物发酵法、深埋法、焚烧法(直接焚烧法和炭化焚烧法)和化制法(干化法和湿化法)等,可根据病死羊数量及养殖场处理条件选择相应的无害化处理技术(表 5-1)。

表 5-1　无害化处理技术适用范围及优缺点

处理技术		适用范围	优点	缺点
生物发酵法	好氧堆肥	适用于各种规模养殖场;重大疫病及人兽共患病动物尸体和相关动物产品不得使用此种方式	设备投资低,翻斗小车即可,操作简单;堆体大小可自由调节	占地较大;发酵和腐熟较慢,堆肥周期长;生物质材料需求量高
	(超)高温生物降解	适用于尸体量比较固定的中大型养殖场和尸体集中处理场	高效,操作简单,污染容易控制	设备价格高,运行成本高
	厌氧发酵	适用于各种规模养殖场	可转化为生物质能源;产物稳定性好,可利用性强;设施简单,占地面积小;反应过程全封闭且可控	厌氧微生物增殖缓慢,厌氧发酵启动和处理时间比较长;技术控制因素复杂且严格
深埋法		适用于小型养殖户和散养户畜禽尸体处理	只需要挖深坑和撒石灰,基础成本低,操作简易	占地面积大,操作不当容易造成土壤或地下水污染问题,或滋生其他不利于人兽安全问题
焚烧法		适用于中等规模养殖场	可借用沼气焚烧尸体,方法简单,效果安全彻底	排放的烟气会造成环境污染

续表 5-1

处理技术	适用范围	优点	缺点
化制法	适用于大型养殖场和病死畜禽集中处理场	处理周期短，操作简单，无害化处理效果好	一次性投资大，运转费用高，运行过程中还会产生大量的恶臭气体和废水

5.3.1 生物发酵法

生物发酵法是利用微生物对病死畜禽进行发酵，降解病死畜禽机体组织，使其转化为无害物质。生物发酵法又分为好氧堆肥、(超)高温生物降解和厌氧发酵 3 种方式。

1. 好氧堆肥

(1) 定义　好氧堆肥是将动物尸体及相关产品与稻糠、木屑等辅料按要求摆放，利用动物尸体及相关动物产品产生的生物热或加入特定生物制剂，发酵或分解动物尸体及相关动物产品的方法。关于好氧堆肥具体参数可参照“3.2 好氧堆肥技术”章节。

操作步骤：发酵堆体结构形式主要分为条垛式和发酵池式。处理前，在指定场地或发酵池底铺设 20 厘米厚辅料，辅料上平铺动物尸体或相关动物产品，厚度≤20 厘米，覆盖 20 厘米辅料，确保动物尸体或相关动物产品全部被覆盖。堆体高度随需处理动物尸体和相关动物产品数量而定，一般控制在 1～2 米。辅料为稻糠、木屑、秸秆、玉米芯等混合物，或在稻糠、木屑等混合物中加入特定生物制剂预发酵后的产物。

(2)注意事项　包括发酵时间、防渗防漏、翻堆频率 3 个方面。

①发酵时间：一次发酵周期为 1～3 个月，一些难分解的物质，如骨头、头颅等仍依稀可见；二次发酵时进行含水量调节，周期通常为 3 个月。

②防渗防漏：发酵过程中做好防雨措施，条垛式堆肥选择平整、防渗地面。

③翻堆频率：在染疫动物体内病原微生物未被完全杀死之前（确保堆肥温度超过 55 ℃，并维持 7～15 天），请勿频繁翻堆，频繁翻堆可能会导致病原微生物的扩散，同时也会污染翻堆设备，甚至感染翻堆人员。

2.（超）高温生物降解

将高温灭菌处理与好氧堆肥技术相结合，先对畜禽尸体进行高温高压处理，消灭病原微生物，当温度降至 60 ℃左右，开始对畜禽尸体搅拌粉碎，添加 10%～25% 秸秆等辅料和降解菌，继续对尸体进行好氧堆肥处理，处理后的产物经过除湿、干燥即可作为有机肥使用。该技术设备见图 5-1。

图 5-1　（超）高温生物降解设备

3. 厌氧发酵

(1)定义　在厌氧条件下利用厌氧微生物对畜禽尸体进行降解，过程中畜禽尸体中的蛋白质、脂肪和碳水化合物会被分解成氨基酸、脂肪酸和糖类，这些物质最终会被降解产生甲烷和二氧化碳，甲烷用于燃烧或发电(图5-2)。特别是目前大中型畜禽养殖场都配套有厌氧消化沼气池，故无须特意针对病死猪处理投入过多成本，仅需要增加破碎及高温蒸煮设备即可。

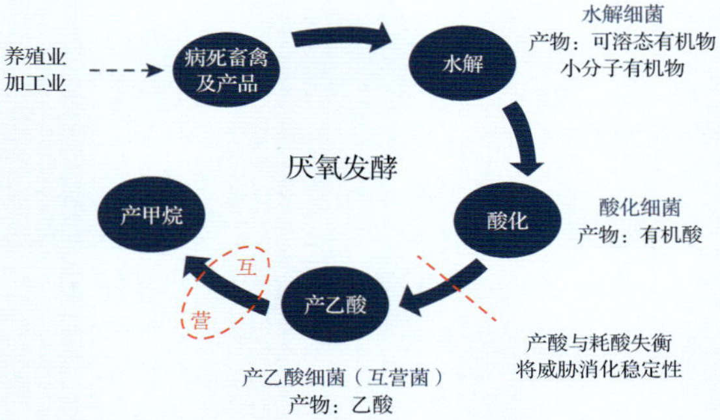

图 5-2　病死畜禽厌氧发酵原理

(2)操作步骤　若有条件可利用破碎机将病死羊进行粉碎，送入高温蒸煮设备中进行120 ℃高温蒸煮，时间为4～8小时(时间长短由当日处理病死羊的鲜重决定，鲜重越高，处理时间越长；反之越短)，蒸煮至糊状后送至预处理池与粪污混合，匀化后的混合物料被泵入沼气罐中进行厌氧发酵。关于厌氧发酵相关参数和具体步骤详见“3.3 厌氧发酵技术”章节。

5.3.2　深埋法

(1)定义　深埋法是指按照相关规定，将动物尸体及相关动物产品投入掩埋坑或化尸窑中并覆盖、消毒，发酵或分解动物尸体及相关动物产品的方法。深埋处理属于应急处理方法，可以迅速处理大量的动物尸体，有助于快速控制疫情的发展和传播，但要预防其污染土壤和地下水资源的潜在风险。

操作步骤：深埋法以实际处理动物尸体及相关动物产品数量来确定掩埋坑体容积，保证坑底高出地下水位1.5米以上，要防渗、防漏。坑底洒1层厚度为2～5厘米的生石灰或漂白粉等消毒剂，将动物尸体及相关动物产品投入坑内，最上层距离地表1.5米以上，覆盖距地表20～30厘米、厚度不少于1.0米的覆土。掩埋后立即消毒(图5-3)。

(2)注意事项　包括以下5点：

①本法不适用于患有炭疽等芽孢杆菌类疫病，以及牛海绵状脑病、痒病的染疫动物及产品、组织的处理；

②掩埋覆土不要太实，以免腐败产气造成气泡冒出和液体渗漏；

③掩埋后，在掩埋处设置警示标识；

图5-3　病死羊深埋过程

④掩埋后，第一周内应每日巡查1次，第二周起应每周巡查1次，连续巡查3个月，掩埋坑塌陷处应及时加盖覆土；

⑤掩埋后，立即用氯制剂、漂白粉或生石灰等消毒药对掩埋场所进行1次彻底消毒，第一周内应每日消毒1次，第二周起应每周消毒1次，连续消毒3周以上。

5.3.3 焚烧法

焚烧法是指在焚烧容器内使动物尸体及相关动物产品在富氧或无氧条件下进行氧化反应或热解反应的方法，可分为直接焚烧法和炭化焚烧法。

1. 直接焚烧法

直接焚烧法可视情况对动物尸体及相关动物产品进行破碎预处理，将动物尸体及相关动物产品或破碎产物，投至焚烧炉本体燃烧室。经充分氧化、热解，产生的高温烟气进入二燃室继续燃烧，产生的炉渣经出渣机排出，燃烧室温度应≥850 ℃。二燃室出口烟气经余热利用系统、烟气净化系统处理后达标排放，焚烧炉渣与除尘设备收集的焚烧飞灰应分别收集、贮存和运输。焚烧炉渣按一般固体废物处理。

注意事项：

①严格控制焚烧进料频率和重量，使物料能够充分与空气接触，保证完全燃烧；

②燃烧室内应保持负压状态，避免焚烧过程中发生烟气泄漏；

③燃烧所产生的烟气从最后的助燃空气喷射口或燃烧器出口到换热面或烟道冷风引射口之间的停留时间应≥2 秒；

④二燃室顶部设紧急排放烟囱，应急时开启；

⑤应配备充分的烟气净化系统，包括喷淋塔、活性炭喷射吸附、除尘器、冷却塔、引风机和烟囱等，焚烧炉出口烟气氧含量应为 6%～10%（干气）。

2. 炭化焚烧法

炭化焚烧法将动物尸体及相关动物产品投至焚烧炉热解炭化，在无氧情况下经充分热解，产生的热解烟气进入燃烧（二燃）室继续燃烧，产生的固体炭化物残渣经热解炭化室排出（图 5-4）。热解温度应≥600 ℃，燃烧（二燃）室温度≥1 100 ℃，焚烧后烟气在 1 100 ℃以上停留时间≥2 秒。烟气经过热解炭化室将热能回收后，降至 600 ℃左右进入排烟管道。烟气经过湿式冷却塔进行“急冷”和“脱酸”后，进入活性炭吸附和除尘器，达标后排放。

图 5-4　病死羊炭化焚烧

注意事项：

①应检查热解炭化系统的炉门密封性，以保证热解炭化室的隔氧状态；

②应定期检查和清理热解气输出管道，以免发生阻塞；

③热解炭化室顶部须设置与大气相连的防爆口，热解炭化室内压力过大时，可自动开启泄压；

④应根据处理物种类别、体积等严格控制热解的温度、升温速度以及物料在热解炭化室里的停留时间。

5.3.4 化制法

化制法是指在密闭的高压容器内，通过向容器夹层或容器内通入高温饱和蒸汽，在干热、压力或蒸汽、压力的作用下，处理病死、病害动物及相关动物产品的方法。

1. 干化法

干化法可视情况对动物尸体及相关动物产品进行破碎预处理，动物尸体及相关动物产品或破碎产物输送入高温高压容器。处理物中心温度≥140 ℃，压力≥0.5 兆帕（绝对压力），时间≥4 小时（具体处理时间随需处理动物尸体及相关动物产品或破碎产物种类和体积大小而设定）。加热烘干产生的热蒸汽经废气处理系统后排出，加热烘干产生的动物尸体残渣传输至压榨系统处理。

注意事项：

①搅拌烘干剩余物以基本无水为准，根据处理量适当延长或缩短搅拌时间；

②经有效的污水处理系统，达到国家规定的排放要求；

③有效净化恶臭气体，使废气排放符合国家相关标准；

④操作人员应符合相关专业要求；

⑤处理结束后，须对墙面、地面及其相关工具进行彻底清洗消毒。

2. 湿化法

湿化法（图 5-5）可视情况对动物尸体及相关动物产品进行破碎预处理，将动物尸体及相关动物产品或破碎产物送入高温高压容器，总质量不得超过容器总承载力的 4/5。处理物中心温度 ≥135 ℃，压力 ≥0.3 兆帕（绝对压力），处理时间 ≥30 分钟（具体处理时间随需处理动物尸体及相关动物产品或破碎产物种类和体积大小而设定）。高温高压结束后，对处理物进行初次固液分离。固体部分经破碎处理后，送入烘干系统进行干燥；液体部分送入油水分离系统进行处理。

图 5-5　病死羊湿化法工艺流程

注意事项：

①高温高压容器操作人员应符合相关专业要求；

②处理结束后，须对墙面、地面及其相关工具进行彻底清洗消毒；

③冷凝水冷却后排放，废水应经污水处理系统处理达标后排放；

④处理车间废气应通过安装自动喷淋消毒系统、排风系统和高效微粒空气过滤器等进行处理，达标后排放。

第6章 种养循环模式与典型案例

6.1 种养循环意义

种养结合生态循环农业（简称种养循环农业）是一种新型现代农业发展模式。它是以循环经济理论、可持续发展理论为基础，经过合理设计、有效布局及运用现代科技手段，实现农业资源的多层次循环利用，最终达到减少废弃物排放，提高废弃物资源利用率的现代农业生产模式。

1. 环境效益

畜禽粪便、作物秸秆等农业废弃物资源进行循环利用，可以解决废弃物堆置引起的占地和污染问题。将废弃物资源化生成的有机肥施用于农田，不仅能够减少化肥用量，还能够治理土壤污染和防治病虫害。

2. 经济效益

增施有机肥能有效促进作物增产，保障蔬菜、粮食及水果的品质和风味，增加作物产出，获得一定的经济效益。同时，增施有机肥能够减少化肥用量，降低投入成本。

3. 社会效益

通过建设农业示范区，推广粪肥还田、有机肥替代化肥等技术，可以提高农民种养结合意识。同时，循环农业产业化发展可以提供更多的就业机会。另外，畜禽养殖业的可持续发展，可以为畜禽养殖场生产规模的扩大提供保障。

6.2　种养循环模式与案例

6.2.1　案例一：榆林横山“15211”庭院种养循环模式

陕西榆林横山区曹阳湾村的白绒山羊养殖示范户们，每户配备 2 个劳动力，建有 1 个标准化养殖圈舍，饲养 50 只能繁母羊，种植 20 亩优质饲草，每年出栏 100 只白绒山羊，每户的总收入达到 10 万元。其种养循环模式见图 6-1 和图 6-2。

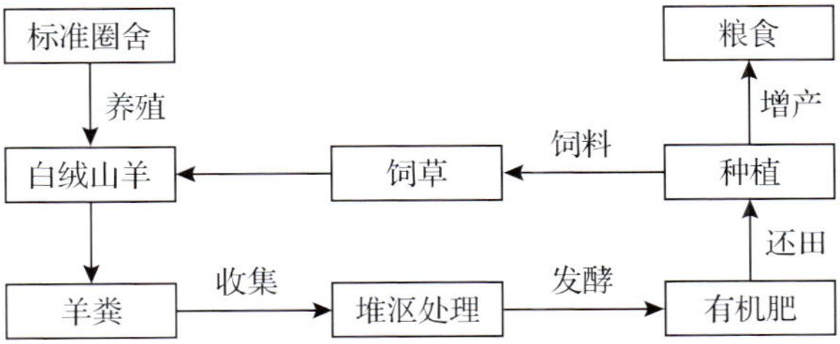

图 6-1　家庭型初级种养循环模式流程图

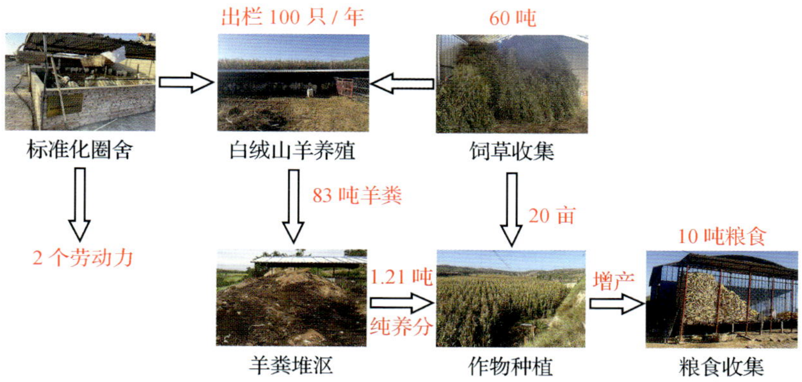

图 6-2　横山曹阳湾村白绒山羊家庭种养循环模式

6.2.2　案例二：甘肃元生农牧科技有限公司种养循环模式

➢ 甘肃元生农牧科技有限公司（简称甘肃元生）养殖能繁母羊 7 620 只，产生粪便 12 万吨。种植苜蓿草、燕麦草、青贮玉米等饲草和蔬菜粮食作物共 7 626 亩，产生作物秸秆 15 万吨，尾菜 10 万吨。

➢ 采用种养循环经营模式，每年综合利用羊粪、秸秆和尾菜生产有机肥 5 万吨。农田施用有机肥可生产 20 万吨饲料。

➢ 企业年收入达 59 564 万元。实现 COD、氨氮污染物分别减排 2 000 吨和 20 吨，有效改善了当地生态环境。

其种养循环模式见图 6-3 和图 6-4。

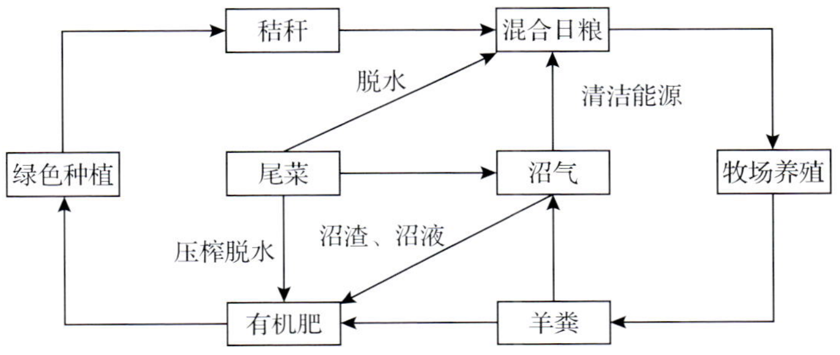

图 6-3　大规模企业种养循环模式流程图

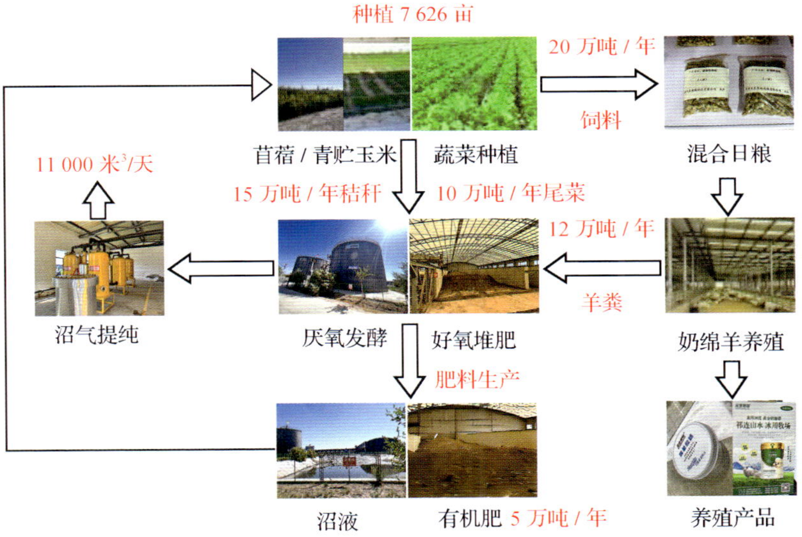

图 6-4　甘肃元生奶绵羊种养循环模式

6.2.3 案例三：宁夏西吉县“牛羊粪银行”村企合作种养循环模式

➤ 宁夏源龙现代农业服务有限公司（简称宁夏源龙），布设 1 200 米^2 牛羊粪集中收贮点。牛羊粪经条垛发酵处理后，被运送到有机肥厂生产成品有机肥，主要用于西吉县蔬菜、马铃薯、玉米以及秋杂粮等作物种植。

➤ 养殖户可以用牛羊粪到“牛羊粪银行”进行有机肥交易。交易规则如下：

① 10 吨牛羊粪可以兑换 7 吨有机肥；

②以每吨牛羊粪 40 元的价格进行收购。

➤ 有机肥售价 500 元 / 吨，企业收入 200 余万元 / 年，养殖 10 头牛 / 羊的养殖户增收 6 000 元以上。

其种养循环模式见图 6-5 和图 6-6。

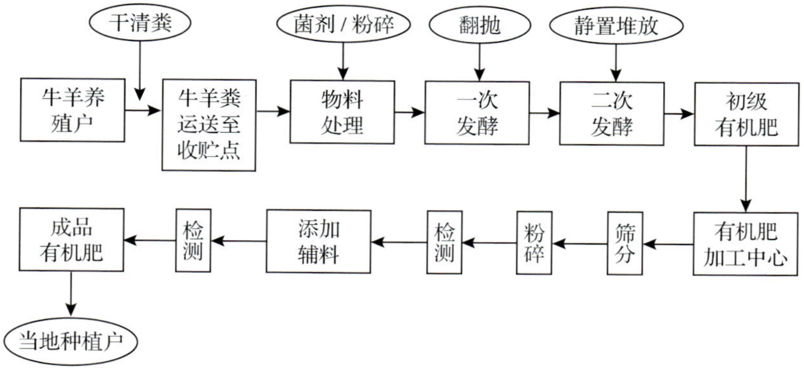

图 6-5 村企合作种养循环模式流程图

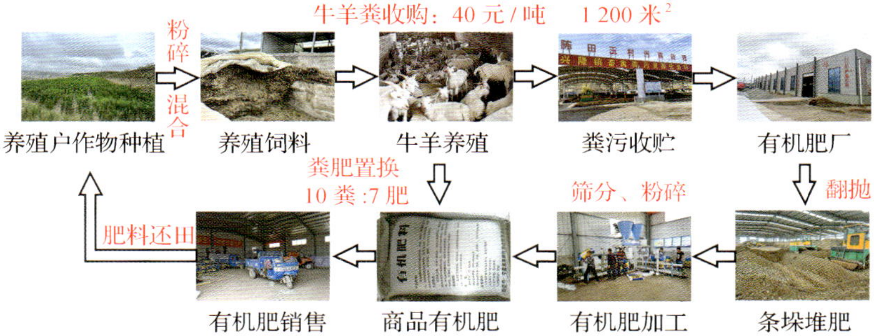

图 6-6　宁夏源龙种养循环模式

参考文献

· 崔文静.基于膜孔径优化的沼液多级膜浓缩体系构建与膜污染调控[D].北京:中国农业大学,2022.

· 邓茹丹,王国英,李丹阳,等.我国羊养殖量及其粪尿资源化利用潜力分析[J].农业资源与环境学报,2024,41(1):155-163.

· 李丹阳.中国规模化羊场粪污产排特征与羊粪堆肥污染气体减控机制研究[D].北京:中国农业大学,2021.

· 李赟.基于膜浓缩的沼液混凝和生物基过滤联合预处理效果与评价[D].北京:中国农业大学,2020.

· 全国畜牧总站,中国饲料工业协会,国家畜禽养殖废弃物资源化利用科技创新联盟.粪便好氧堆肥技术指南[M].北京:中国农业出版社,2017.

· 孙占美,李宏伟,孙苗苗,等.回收羊毛角蛋白的再溶解性能研究[J].毛纺科技,2019,47(6):54-59.

· 王贝贝,于哲,李强,等.模拟胃肠消化对羊皮胶原肽抗氧化活性的影响及其消化保护分析[J].食品科学,2022,43(7):128-138.

· 王国英,袁京,孔艺霖,等.堆肥种子发芽指数测定方法与敏感性种子筛选[J].农业工程学报,2021,37(19):220-227.

· 王志龙,赵俊皓,刘长波,等.病死畜无害化处理技术的应用[J].广东蚕业,2023,57(5):40-43.

· 魏佳欣,亓传仁,刘婉岑,等.生物质覆盖对沼液污染气体排放的影响及机制[J].中国环境科学,2023,43(4):1744-1756.

· 夏凤腾,王征.禽类羽毛废弃物的生物降解及其应用[J].中国家禽,2024, 46(1):84-89.

· 向天勇,蓝建明,张正红,等.沼液水培:水培植物循环制沼技术[J].浙江农业科学,2017,58(11):1913-1915.

- 袁京，尹子铭，王国英，等．羊垫料养殖技术研究进展[J]. 中国农业大学学报，2024，29(1)：140-145.
- 张智烨．沼液生物基滤料与膜浓缩一体化处理技术与工艺[D]. 北京：中国农业大学，2015.
- Chebon S K，Wanyonyi W C，Onyari J M，et al. Enzymatic dehairing of sheep skin：Recovery and characterization of commercially important wool hydrolysate and fats [J]. European Journal of Sustainable Development Research，2023，7(4)：em0233.
- Dias G J，Haththotuwa T N，Rowlands D S，et al. Wool keratin—A novel dietary protein source：Nutritional value and toxicological assessment [J]. Food Chemistry，2022，383：132436.
- Ding H，Li J，Deng F，et al. Ammonia nitrogen recovery from biogas slurry by sep production using candida utilis [J]. Journal of Environmental Management，2023，325(Pt B)：116657.
- Dou J，Huang Y，Ren H，et al. Autotrophic，heterotrophic，and mixotrophic nitrogen assimilation for single-cell protein production by two hydrogen-oxidizing bacterial strains [J]. Applied Biochemistry and Biotechnology，2019，187(1)：338-351.
- Hakim T R，Pratiwi A，Jamhari J，et al. Extraction of collagen from the skin of kacang goat and production of its hydrolysate as an inhibitor of angiotensin converting enzyme [J]. Tropical Animal Science Journal，2021，44(2)：222-228.
- Hasdar M，Randi M J. Comparative quality of proteins and morphological structures of gelatin from sheepskin with acid and alkaline treatment [J]. Food Science and Technology，2020，3(2)：1.
- Qi C，Cao D，Gao X，et al. Optimising organic composition of feedstock to improve microbial dynamics and symbiosis to advance solid-state anaerobic co- digestion of sewage sludge and organic waste [J]. Applied Energy，2023，351：121857.

· Yang A, Zhang G, Meng F, et al. Enhancing protein to extremely high content in photosynthetic bacteria during biogas slurry treatment[J]. Bioresource Technology, 2017, 245: 1277-1281.

· Yang D, Chen Q, Liu R, et al. Ammonia recovery from anaerobic digestate: State of the art challenges and prospects[J]. Bioresource Technology, 2022, 363: 127957.

· Zhang L, Zhou P, Chen Y C, et al. The production of single cell protein from biogas slurry with high ammonia-nitrogen content by sereened nectaromyces rattus[J]. Poultry Science, 2021, 100(9): 101334.

附　录

附录一　规范与标准名录

- GB 14554—1993 恶臭污染物排放标准
- GB 18596—2001 畜禽养殖业污染物排放标准
- GB/T 25246—2010 畜禽粪便还田技术规范
- GB/T 27622—2011 畜禽粪便贮存设施设计要求
- GB 7959—2012 粪便无害化卫生要求
- GB/T 51063—2014 大中型沼气工程技术规范
- GB 5084—2021 农田灌溉水质标准
- GB/T 40750—2021 农用沼液
- NY/T 525—2021 有机肥料
- NY/T 1167—2006 畜禽场环境质量及卫生控制规范
- NY/T 1168—2006 畜禽粪便无害化处理技术规范
- NY/T 1222—2006 规模化畜禽养殖场沼气工程设计规范
- NY/T 1221—2006 规模化畜禽养殖场沼气工程运行、维护及其安全技术规程
- NY/T 1935—2010 食用菌栽培基质质量安全要求
- NY/T 2118—2012 蔬菜育苗基质
- NY/T 90—2014 农村户用沼气发酵工艺规程
- NY/T 2854—2015 沼气工程发酵装置
- NY/T 1220.1—2019 沼气工程技术规范　第1部分:工程设计
- NY/T 3442—2019 畜禽粪便堆肥技术规范
- NY/T 3612—2020 序批式厌氧干发酵沼气工程设计规范
- NY/T 3828—2020 畜禽粪便食用菌基质化利用技术规范
- NY/T 3958—2021 畜禽粪便安全还田施用量计算方法
- NY/T 3877—2021 畜禽粪便土地承载力测算方法

- NY/T 3672—2020 生物炭检测方法通则
- NY/T 4159—2022 生物炭
- NY/T 4046—2021 畜禽粪水还田技术规程
- NY/T 2596—2022 沼肥
- NY/T 2065—2011 沼肥施用技术规范
- NB/T 10403—2020 大中型中温厌氧发酵及发电机组运行管理规范
- HJ/T 81—2001 畜禽养殖业污染防治技术规范
- HJ 1266—2022 生物质废物堆肥污染控制技术规范
- DB 12/059—2018 恶臭污染物排放标准
- DB37/T 3117—2018 畜禽场废弃物厌氧发酵制取沼气技术规程
- DB12/T 1145—2022 牛粪卧床垫料生物安全管理规范
- DB23/T 3241—2022 肉牛场废弃垫料处理技术规程
- DB11/T 1870—2021 畜禽养殖粪肥还田利用技术规范
- DB65/T 4649—2023 规模化养殖场粪污厌氧发酵处理技术规范
- DB15/T 3041—2023 规模化奶牛场牛粪再生垫料制备技术规程
- DB37/T 4546—2022 农业废弃物制备生物炭技术规程

附录二　堆肥过程管理日志

堆肥过程管理日志

开始日期				结束日期			
原始物料信息							
粪便重量/千克		辅料重量/千克		水分补充量/千克		添加剂	
编号	日期	温度/℃	高度/米	湿度/%	是否翻堆	重量/千克	是否有蚊虫臭味
1							
2							
3							
4							
5							
6							
7							
8							
9							
10							
11							
12							
13							
14							

注：有条件情况下，全方位监测堆体温度，若不具备条件，建议监测堆体中心温度。